花卉 安全高效 施肥指南

● 宋志伟 杨首乐 主编

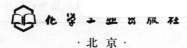

化学工业出版社

·北京·

内 容 简 介

本书借鉴测土配方施肥技术、作物营养诊断技术、水肥一体化技术等先进科学施肥技术，以安全、优质、高效为原则，从花卉生长习性、观赏应用、施肥配方、安全高效施肥等方面入手介绍了 110 种主要花卉的科学、安全高效施肥技术。考虑到不同花卉的观赏类型（观花、观叶、观果、观姿）、栽培方式（露地栽培、设施栽培、无土栽培、盆栽）等情况下的安全高效施肥技术，首次对主要花卉的施肥提出了定量指标，方便读者实际操作使用。

本书可供适合农业技术推广人员、园林花卉工作者、广大种花养花者阅读和参考使用。

图书在版编目（CIP）数据

花卉安全高效施肥指南/宋志伟，杨首乐主编. —北京：
化学工业出版社，2020.10
ISBN 978-7-122-37498-1

Ⅰ.①花… Ⅱ.①宋… ②杨… Ⅲ.①花卉-施肥-
指南 Ⅳ.①S680.6-62

中国版本图书馆 CIP 数据核字（2020）第 146543 号

责任编辑：邵桂林　　　　　　　　　文字编辑：林　丹　王治刚
责任校对：王素芹　　　　　　　　　装帧设计：韩　飞

出版发行：化学工业出版社（北京市东城区青年湖南街 13 号
　　　　　邮政编码 100011）
印　　装：大厂聚鑫印刷有限责任公司
850mm×1168mm　1/32　印张 8¾　字数 234 千字
2021 年 1 月北京第 1 版第 1 次印刷

购书咨询：010-64518888　　　　　　售后服务：010-64518899
网　　址：http://www.cip.com.cn
凡购买本书，如有缺损质量问题，本社销售中心负责调换。

定　　价：39.80 元

编写人员名单

主　　编　　宋志伟　杨首乐

编写人员　　宋志伟　杨首乐　王亚英

　　　　　　黄虹心　张少伟　李　平

前　言

　　我国地域辽阔，栽培的花卉种类繁多，南北方差距较大。随着人们物质生活水平的改善和文化素质的提高，作为大自然的精华之美的花卉，已进入千家万户。人们用花卉美化环境，装饰居室，陶冶情操，传递友谊，以花为媒进行社会交流。花文化逐渐成为社会文明的时尚，花卉也成为我国现代高效农业的新兴支柱产业之一。新的花卉品种、新的繁育栽培技术、新的科学施肥技术、新的鉴赏理念等不断地充实和发展着花卉生产技术。

　　《花卉安全高效施肥指南》一书以保护生态环境、美化居室环境、改善花卉品质、提高观赏价值为目的，从花卉生长习性、观赏应用、施肥配方（部分花卉）、安全高效施肥等方面入手，介绍了63种观花类花卉、28种观叶类花卉、15种观果类花卉、4种多肉类花卉等110种主要花卉的安全高效施肥技术，希望能为广大花卉莳养者科学施肥提供参考。

　　本书具有针对性强、实用价值高、适宜操作等特点，考虑到花卉的观赏类型（观花、观叶、观果、观姿）、栽培方式（露地栽培、设施栽培、无土栽培、盆栽或缸栽）不同等情况下的安全高效施肥技术各异，首次对主要花卉施肥提出定量指标，改变现有花卉施肥的定性问题，方便花农和花卉爱好者实际操作使用。

　　由于花卉种类繁多，其生长习性和需肥规律非常复杂，加之花卉施肥的目的不仅要求获得高产，而且要求茎秆挺拔，枝繁、花艳、叶美，因此完全做到精确科学施肥并非易事。又因我国花卉安全高效施肥技术的研究起步较晚，相关研究成果转化率低，本书介绍的施肥技术尚存在不足之处，敬请广大花卉莳养者和专家赐教。

　　本书在编写过程中得到化学工业出版社、河南农业职业学院、山西林业职业技术学院、广西农业职业技术学院以及众多花卉及肥料企业等单位领导和有关人员的大力支持，在此表示感谢。由于水平有限，书中难免存在疏漏，敬请各位专家、同行和广大读者批评指正。

宋志伟

2020 年 12 月

目录

第一章
观花类花卉安全高效施肥技术

第二章
观叶类花卉安全高效施肥技术

第三章
观果及多肉类花卉安全高效施肥技术

参考文献

第一章

观花类花卉安全高效施肥技术

观花类花卉种类繁多，花色鲜艳，花形奇特而美丽。该类花卉以观花为主，主要有木本观花类、草本观花类、宿根观花类及球根观花类等类型。

第一节

木本观花类花卉安全高效施肥技术

一、牡丹

牡丹为我国"十大名花"之一，别名富贵花、洛阳花、谷雨花、木芍药、鹿韭等，原产于我国西北地区。栽培种遍及全国，但以河南洛阳、山东菏泽最为著名，其次为甘肃临夏与临洮、陕西西安、四川彭州、江苏盐城、浙江杭州、湖北隆中、安徽亳州与铜陵、北京等地。

1. 生长习性

牡丹为毛茛科芍药属多年生落叶小灌木，耐干旱与瘠薄，不耐积水，性喜凉怕热，喜高燥，畏低温，惧烈风酷日，宜植于疏松肥厚、排水良好的壤土或砂壤土中。

2. 观赏应用

牡丹（图 1-1）观赏部位主要是花朵，其花雍容华贵、富丽堂皇，素有"国色天香""花中之王"美称。其花的颜色有白色、红色、黄色、粉色、紫红色、墨紫色、雪青色、绿色、复色等，花型有葵花型、荷花型、玫瑰花型、皇冠型、绣球型、半球型等。中原地区一般正常年份，多在雨水前后其鳞片开始萌动膨大，惊蛰前后顶破显蕾，春分前后抽出花茎、叶片展开，清明时花蕾迅速膨大，谷雨时开始开花，进入观赏季节。牡丹可在公园和风景区建立专类园，在古典园林和居民院落中筑花台种植，在园林绿地中自然式孤植、丛植或片植，另外也适于布置花境、花坛、盆栽观赏，还可作切花观赏。

图 1-1 牡丹

3.露地栽培牡丹安全高效施肥

牡丹花大叶繁，生长过程中需要消耗大量养分，为取得良好的观赏效果，安全高效施肥非常重要。

（1）育苗期施肥 一般于 8 月前后播种，播种前可每亩施生物有机肥 100 千克，或商品有机肥 150 千克，或无害化处理过的腐熟有机肥 1000～1200 千克。翌年雨水后惊蛰前小苗基本出齐时，要加强肥水管理，主要是适时追肥浇水。麦收前若遇连续干旱，应每隔 7～10 天浇水一次，并松土保墒。结合浇水施肥，以速效肥为主，如腐熟的芝麻饼、菜籽饼、花生饼等，每亩施 20～30 千克，分 3 次施入，并注意除草和防治病虫害，以确保苗全苗壮。

另外，苗期可叶面喷施 500～1000 倍含腐殖酸水溶肥料或 500～1000 倍含氨基酸水溶肥料或 500 倍高活性有机酸叶面肥 2 次，间隔 15 天。

（2）栽植穴施足基肥 在选定圃地后，根据土壤测试结果，计算土壤供肥量和基肥用量。应在栽植前数月或半年施足基肥，反复深耕，整平后备用。基肥以发酵腐熟的畜禽粪、堆肥、饼肥、土杂肥、商品有机肥、生物有机肥等为主，每亩可施生物有机肥 200～

250 千克，或商品有机肥 300～400 千克，或无害化处理过的腐熟猪圈粪 2500～3000 千克，或无害化处理过的腐熟牛圈粪 2000～2500 千克，或无害化处理过的腐熟堆肥 2500～3000 千克，或无害化处理过的腐熟饼肥 150～200 千克，或无害化处理过的腐熟土杂肥 3000～4000 千克，并配施腐殖酸型过磷酸钙 30～40 千克。

（3）栽植后追肥　根据牡丹"春发枝，秋发根，夏打盹，冬休眠"的生长习性，通常栽植当年不施追肥，以后每年至少追肥 3 次。

① 花肥　第一次追肥在春天冻地化融后，大约在春分至清明时节，即开花前 15～25 天，称"花肥"。花肥以有机氮肥和磷肥为主。有机肥多用粪干、饼、生物有机肥、商品有机肥、畜禽粪等。2 年生或 3～4 年生牡丹应采用普遍施肥方法，每亩可施生物有机肥 150～200 千克，或商品有机肥 250～300 千克，或无害化处理过的腐熟猪圈粪 2000～2500 千克，或无害化处理过的腐熟牛圈粪 1500～2000 千克，或无害化处理过的腐熟堆肥 2500～3000 千克，或无害化处理过的腐熟饼肥 100～150 千克，并配施腐殖酸型过磷酸钙 20～30 千克。

肥料不足时，可采取分株穴施肥料，肥料应距离牡丹 10～15 厘米，穴深 10～12 厘米为宜。花肥可用豆饼、油渣、商品有机肥等精肥，2 年生的每株 100～150 克，3～4 年生的每株 200～250 克。

② 芽肥　第二次追肥在花后 15 天内，称"芽肥"。追芽肥的目的是恢复植株的生势，促使花芽分化能够充分顺利地进行。芽肥可用豆饼、油渣、商品有机肥等精肥，2 年生的每株 50～100 克，3～4 年生的每株 100～150 克。

③ 冬肥　第三次追肥在冬天地封冻前，称"冬肥"。追冬肥常结合灌冻水进行，也可以干施。施肥量宜大些，常用腐熟的堆肥或厩肥，目的是补充土壤肥分，利于牡丹安全越冬，并为翌春的萌芽生长提供营养物质。每亩可施生物有机肥 200～250 千克，或商品有机肥 300～400 千克，或无害化处理过的腐熟猪圈粪 2500～3000

千克，或无害化处理过的腐熟牛圈粪 2000～2500 千克，或无害化处理过的腐熟堆肥 2500～3000 千克，或无害化处理过的腐熟饼肥 150～200 千克，或无害化处理过的腐熟土杂肥 3000～4000 千克，并配施腐殖酸涂层缓释肥（15-10-15）20～25 千克或腐殖酸型高效缓释复混肥（18-8-4）25～30 千克。

其他时间视植株生长情况，可随灌溉水追施稀薄的液肥，但炎夏不可追肥。

（4）栽植后叶面追肥　开花前 15～20 天叶面喷施 1500 倍含硼水溶肥料和 1500 倍活力钙叶面肥。花期喷施 500 倍活力钾或生物钾叶面肥。

4. 促成栽培牡丹安全高效施肥

该施肥技术应用最广泛的是为春节、圣诞节、元旦等重大节日观花而进行的牡丹促成栽培，其主要技术措施如下：

（1）培养土配制　比较好的培养土应疏松、肥沃、腐殖质含量高，肥效持久而又易于排水。可用腐熟的马粪土 3 份加园土或砂质土 7 份，而在催花过程中酌情追施适量肥料更为安全可靠；或把畜禽粪、腐殖土、园土、粗砂或炉渣按 1：2：2：1 的比例配制、混匀，密封腐熟 1 个月后即可装盆。

（2）追肥　植株上盆，盆土要压实，然后充分浇透水，并向植株上喷洒水，每天 3 次，连续 3～4 天。室温 8～9℃，5～6 天后室温升到 10～11℃，待植株生长正常后，每天可追施 1 次稀薄的液肥，并逐渐增加浓度。这样可促进枝叶生长、花蕾膨大；在春节前 10 天左右，将室温升至 18～25℃，每天增加 4 小时光照，喷水 3～4 次，追施 1 次腐殖酸型过磷酸钙，并保持空气湿润。也可进行叶面喷肥，用 0.5% 磷酸二氢钾、0.3% 尿素混合液，7 天喷施一次。如此管理，重大节日可按期开花。

二、月季

月季为我国"十大名花"之一，别名月月红、月月开。原产于我国，主要分布在河北、山东、陕西、湖北、湖南、四川、广东、云南、河南等地，现为北京、天津、沈阳、郑州、大连、常州、安庆、商丘、宜昌、威海等 20 多个城市的市花。

1. 生长习性

月季为蔷薇科蔷薇属植物，多数为矮小而直立的灌木，亦有藤木，喜阳光，喜温暖，耐寒，最适于疏松肥沃、排水良好的微酸性土壤，适宜生长温度为 20～25℃。月季树龄一般可达 20 年以上，温室切花生产中为获得高质量的花朵，一般 4～8 年更新一次。在自然条件下月季树龄也有高达百年左右的。

2. 观赏应用

月季（图 1-2）观赏部位主要是花朵，其花形秀美、多样，花色艳丽，芳香。花色有红、黄、橙、白、紫、蓝、绿等颜色，可四季开花，以 3～10 月份开花最多。月季栽培因其目的不同而有多种

图 1-2　月季

方式，如切花生产或幼苗生产是以生产为主，希望节约成本、优质高产而获取高额利润；月季专类园、月季品种园则以供观赏、科研为主；工厂、街道、机关、学校则以美化环境为主；公园、风景游览区则以布置景点或陪衬某些景物供游人欣赏为主；还有家庭庭院栽培，常作为人们业余消闲的一种方式。

3.施肥配方

(1) 切花月季　据王华荣等（2012）对切花月季氮磷钾配比施肥的研究，每平方米适宜施入氮(N)、磷(P_2O_5)、钾(K_2O) 量分别为 108 克、100 克、57 克，比例为 1∶0.93∶0.53。

(2) 盆栽月季　据穆鼎等（1997）对盆栽月季氮磷钾施肥比例的研究，月季施肥以氮磷钾（18-8-17）为最好，其次为（16-16-16）、（15-15-21）、（14-11-12），四种比例最佳施肥量分别为 4 克/盆、8 克/盆、12 克/盆、4 克/盆。

4.露地栽培月季安全高效施肥

月季喜大肥，除了施足基肥外，还应根据月季的生长发育规律，分次施入追肥和叶面肥，效果更佳。

(1) 施足基肥　露地栽培月季，如管理得当，苗壮生长至少可达 10 年以上，而其赖以为生的营养、水分和根系所需的氧气都来自土壤，所以提供良好的土壤环境，强调土壤、肥水管理，自始至终都是月季栽培的重大课题。

供月季切花生产栽培密度较高的月季园，需要整块地全面翻耕、施肥。首先将表土挖到 30 厘米深，将挖出的泥土堆放到一边的表土上，再将第二层深挖 30 厘米，将无害化处理过的腐熟堆肥（可掺混作物秸秆、各种树叶、秕壳、鱼杂、虾糠等有机物）1000 千克/100 米^2，或无害化处理过的腐熟土杂肥（可掺混作物秸秆、各种树叶、秕壳、鱼杂、虾糠等有机物）1500 千克/100 米^2，或无害化处理过的腐熟牛圈粪 750 千克/100 米^2 施入，与土壤混合均匀，按原来的层次放回。第一层按生物有机肥 50 千克/100 米^2，或商品有机肥 100 千克/100 米^2，或无害化处理过的腐熟堆肥 300 千克/100 米^2，或无害化处理过的腐熟牛圈粪 500 千克/100 米^2，或无害化处理过的腐熟猪圈粪 750 千克/100 米^2 施入，边与土壤混合边放回第一层，要尽量混合均匀。有机肥在施入之前先与腐殖酸型过磷酸钙混匀发酵，施用量为每亩 5～10 千克，深翻一行后再翻第二行，直到整块土地全部翻耕、施肥完毕。深翻、施肥应根据条件，也可以部分采用机械进行。

若是栽培较稀或是布置花坛，特别是有机肥不足的情况则采取分层挖壕沟（栽培沟）或挖坑的方法分层施肥，以达到集中用肥的目的。一般壕沟深 50～60 厘米，壕沟上口宽 50～60 厘米，壕沟底宽 30～40 厘米，壕沟长因地制宜；坑深 45～50 厘米，坑口宽 50～60 厘米，坑底直径 30～40 厘米。其分层及施肥方法同前，用量按实际栽培面积折算。

栽培月季的前一周，土壤还要再次施入腐熟有机肥，按生物有机肥 50 千克/100 米^2，或商品有机肥 70 千克/100 米^2，或无害化处理过的腐熟堆肥 300 千克/100 米^2，或无害化处理过的腐熟牛圈粪 200 千克/100 米^2，或无害化处理过的腐熟猪圈粪 200 千克/100 米^2，或河泥、塘泥 1000 千克/100 米^2，均匀地撒在表土上，随整地翻入土中，再给栽培地浇水。

（2）适时追肥　月季追肥一般采取有机肥与化肥配合施用的方法。

① 2～3 月份，正是月季萌芽时期，应每隔半个月施一次氮、磷肥，以促进侧枝生长、花多花大。可用硝酸铵 2000 倍液、硝酸钾 4000 倍液、磷酸二氢钾 5000 倍液配制成肥液根施，或用增效尿素 2 千克/100 米^2、增效磷酸二铵 5 千克/100 米^2，距离月季根部 20 厘米沟施或穴施。

② 7～8 月份，进入盛夏，月季生长缓慢，为保证继续开花，应加强肥水管理，可追施腐殖酸涂层缓释肥（15-10-15）1～2 千克/100 米^2，或含促生真菌的有机无机复混肥（20-0-10）1～1.5 千克/100 米^2、腐殖酸型过磷酸钙 1～2 千克/100 米^2。

③ 9～10 月份，天气渐凉，月季又进入生长旺季，生长出新枝叶和花蕾，此时应继续加强肥水管理，可追施腐殖酸涂层缓释肥（15-

10-15）1.5～2 千克/100 米^2，或含促生真菌的有机无机复混肥（20-0-10）1～2 千克/100 米^2、腐殖酸型过磷酸钙 1～2 千克/100 米^2。

④ 12 月底，月季进入休眠期，此时可结合修剪，施入有机肥，保证其翌年开花。可按生物有机肥 50 千克/100 米^2，或商品有机肥 80 千克/100 米^2，或无害化处理过的腐熟堆肥 200 千克/100 米^2，或无害化处理过的腐熟牛圈粪 150 千克/100 米^2，或无害化处理过的腐熟猪圈粪 150 千克/100 米^2，均匀地撒在表土上，随整地翻入土中。

（3）叶面施肥　叶面施肥特别适合月季缺乏某种营养元素时有针对性地施用，且已经为多数生产者所接受。肥料可以根据月季的需要搭配组合，既可以混合使用，也可以单独使用。最常用的叶面肥配方有：①尿素 1.25 克，磷酸二氢钾 1.25 克，水 1 升，配制成氮、磷、钾的完全肥料，浓度为 0.25%；②尿素 112.7 克，硫酸钾 112.7 克，硫酸镁 56.3 克，硫酸亚铁 28.3 克，水 284.3 升，浓度为 0.125%。矫正微量元素缺乏的配方：硫酸锰 15 克，硫酸镁 20 克，螯合铁 10 克，硼酸 5 克，水 25 升，浓度为 0.2%。在叶子出现缺素症状时喷洒，每间隔 7～10 天喷洒一次，一直喷到缺素症状消失时停止。

5. 无土栽培月季安全高效施肥

无土栽培是指用无活力的基质来栽培月季。现在用于商业系统的无土栽培主要有两种，即营养膜技术和岩棉栽培。目前岩棉栽培已经用于月季切花生产。

（1）岩棉准备　岩棉栽培月季常采用较大的岩棉块，其长 70～125 厘米、宽 15～30 厘米、高 7.5 厘米。岩棉块要求用聚乙烯薄膜纵向（即纹理垂直）包裹，这是为了减少蒸发和防止根系扩散到低处。较窄的岩棉块可首尾相连在栽培床上排成双行，较宽的岩棉块可以在栽培床上排成单行，按预定行、株距栽培植物。热带地区岩棉块可以不用聚乙烯薄膜包裹，以利于水分蒸发使根层容易冷却，但是，在岩棉块之间应放聚乙烯薄膜隔离，防止岩棉块之间的营养液通过毛细管作用被吸取，以及防止高处营养液不足、低处营养液过多和病害扩散问题。但是要在接近底边处，将薄膜切开一条狭长的口，以利于营养液水平流遍岩棉块。

（2）营养液配方　理想的营养液栽培浓度所要求的化合物质量见表 1-1。

在每次浇水时应用营养液由塑料管通过微管施入每株月季。施用次数因月季需求量多少和气候条件而不同，成龄月季每天需施 1～3 次。

表 1-1　理想的营养液栽培浓度所要求的化合物质量（1000 升）

化学名称	分子式	质量/克
磷酸二氢钾	KH_2PO_4	263
硝酸钾	KNO_3	583
硝酸钙	$Ca(NO_3)_2 \cdot H_2O$	1003
硫酸镁	$MgSO_4 \cdot 7H_2O$	513
螯合铁	$[CH_2N(CH_2COO)_2]_2FeNa$	79
硫酸锰	$MnSO_4$	6.1
硼酸	H_3PO_3	1.7
硫酸铜	$CuSO_4 \cdot 5H_2O$	0.39
钼酸铵	$(NH_4)_6Mo_7O_{24} \cdot 4H_2O$	0.37
硫酸锌	$ZnSO_4 \cdot 7H_2O$	0.44

（3）叶面施肥　每次采花前 10 天，可叶面喷施 500～1000 倍含腐殖酸水溶肥料或 500～1000 倍含氨基酸水溶肥料或 500 倍高活性有机酸叶面肥，并同时喷施 500 倍活力钾或生物钾叶面肥，以保证花色鲜艳，延长保鲜期。

6.设施栽培月季安全高效施肥

设施栽培月季的模式：一是土壤地栽，二是营养土栽培。

（1）土壤地栽　大棚栽培就是利用棚里的土壤就地栽培，需整地、施肥、改良土壤结构，并注意开沟排水。

① 整地施肥　整平土地，深耕约 80 厘米，底层施堆肥、杂草等有机粗肥，中上层施腐熟的有机肥；如肥料不够整块地施肥，也可以按月季栽培的行距挖 40 厘米宽、80 厘米深的沟，在沟中分层施肥。肥料以腐熟厩肥为好。具体施肥种类和数量可参考露地栽培

基肥施用，用量可增加 10%～20%。如条件许可，土壤应用蒸汽消毒，消灭病虫害。

② 种植 温室的月季在一年中任何时候都可以栽培，栽培时间通常取决于切花的市场需求及经济效益，对月季的需求主要是集中在冬、春季如圣诞节、元旦、春节、情人节等节日，另外如盛大的庆典或国际会议。可按照需要的时间和数量，制订栽培计划一览表。一般在 1～6 月栽培为宜，以便在月季便宜的夏季使月季植株有充分的生长时间。

③ 适时追肥 在月季蕾期每亩施腐殖酸型高效缓释肥（15-5-20）15 千克，每次采花后每亩施腐殖酸型高效缓释肥（15-5-20）15 千克。

④ 叶面施肥 每次采花前 10 天，可叶面喷施 500～1000 倍含腐殖酸水溶肥料或 500～1000 倍含氨基酸水溶肥料或 500 倍高活性有机酸叶面肥，并同时喷施 500 倍活力钾或生物钾叶面肥，以保证花色鲜艳，延长保鲜期。

（2）营养土栽培

① 营养土准备 可到花卉市场直接采购配制好的花卉营养土使用，也可自行配置制营养土：腐熟的马粪土 3 份加园土或砂质土 7 份，或按畜禽粪、腐殖土、园土、粗砂或炉渣按 1∶2∶2∶1 的比例配制、混匀，密封腐熟 1 个月后即可。

在温室里用配制好的营养土栽培月季，则需在温室地上铺上水泥板，在水泥板上放置营养土，最好按栽培的宽、长用框围住营养土，以免垮塌。营养土的厚度以 20～25 厘米为宜，底层用水泥板，主要是避免根系伸入未经消毒的土壤，避免病虫传播以及肥水的浪费。

② 营养液配制及施用 温室月季切花栽培按计划施用的营养液，多是以土壤试验为基础，有时也分析叶子，应特别注意的是 pH 值和盐的含量。pH 值应调整到 5.5～6.3 的范围，以便容许营养液有适量的可溶性微量元素。盐的浓度宜较低，因土壤消毒有可能增加盐浓度。栽上植株后，应不断地施用营养液，保持盐的水平

介于正常与过量之间。在开花周期内，稍降低盐浓度，以减少一定时期根部的损失。腋芽绽出之后，可适当增加盐的水平，这时可施用肥料，通常每9.3平方米施用0.8千克硝酸钙或硝酸钾。

如前所述，月季液肥是由氮、磷、钾、镁、铁、硼、铜、锰、钼、锌等营养元素配合组成，定期施用，氮的基本浓度为160～200毫克/千克，钾的基本浓度为150毫克/千克。若在补光条件下生产月季切花，氮的浓度应增加到300毫克/千克。硝酸钾是氮、钾营养来源，而另一些氮营养来源是硝酸铵、硝酸钙和硫酸铵。任何含钙的硫酸或磷酸肥料，采用液体供肥系统时需要加倍注入，这是由于硫酸钙或磷酸钙两种化合物几乎是不能溶解的盐。经常使用铵态氮肥会降低土壤pH，而经常使用硝态氮肥则起相反效果。在需要供应镁肥的地方，pH的调控是通过定期加入石灰石或白云石来处理的。钾的来源除硝酸钾外，还有硫酸钾和氯化钾，硫酸钾中钾的含量和毒性比氯化钾低。土壤盐化控制是通过仔细选择肥源和采用适宜的肥料浓度以及定期单独灌水来达到的。

7.盆栽月季安全高效施肥

月季应以土壤地栽为好，但城市居民因居住条件的限制，只好用盆栽来满足月季生长的需要。月季灌丛限制在花盆内生活，则需要一些特殊的肥水管理。

（1）选盆　宜选较美观的瓷盆或塑料盆，以盆径30厘米、盆高约30厘米为宜，微型月季盆径20～26厘米即可。

（2）盆土　用3份腐殖土或肥沃壤土加1份优质腐熟厩肥，混合适量普通过磷酸钙，有可能带病虫的要消毒。

（3）根际施肥　当新枝长出约10厘米，并有较多的叶时，可撒一薄层厩肥或活性淤泥，随之浇水，如未见强劲的长势，2周后每盆撒1克尿素并浇水，或用尿素和磷酸二氢钾根外追肥。

第一次开花后，每盆撒25克油饼粉，遍及盆，松表土，浇水，2周1次，用0.2％的尿素＋磷酸二氢钾＋肥皂片（扩散剂）根外追肥，开花时不要喷肥。

生长差的个别植株要加强管理，如有缺乏微量元素的症状（见温室栽培），应及时针对性地处理，如叶子主脉深绿色，其余部分黄白色，有可能是排水不良而缺氧，应清理排水孔，停止浇水，或采取深中耕；老熟叶突然变黄、脱落，可能是氮肥过多或夏季浇水不充分，盆太热，应大量浇水洗肥或降温。

夏末秋初，每盆施 20～60 克油饼粉或碎块，常用花生或菜籽饼。沿盆边缘施肥，结合深松土，尽量将肥料混入中层，少量到下层土壤，施肥后及时浇水，这样不仅可以改善中下层土壤的通透性，还能增加土壤有机质，改良土壤结构，有利于月季秋季旺长、开花。据观察，深松土对月季无不良的影响，但不能靠近主茎，避免伤主根太多。

临近冬季，应进行修剪，修剪后施有机肥、厩肥、油饼类，将厩肥填满盆缘上 2～3 厘米，中耕近表土层。

每 1～3 年换盆 1 次，换盆前保持盆土干燥，以利于脱盆，剪掉老、弱、病、枯根，用带尖竹片将根球周围的老土削去一部分，以利发出新根。根据植株大小考虑是否需要换较大的盆，换盆时施入腐熟有机肥作基肥，上盆时增加一定量的肥沃营养土，土壤用手分层压紧，换盆后浇透水，保持盆土湿润，也可施稀薄液肥。由于冬、春日照不强烈，所以无需遮阴，置于背风向阳处。月季春季换盆宜早，应在新根和嫩芽尚未发芽之前进行。

我国北方地区，冬季要根据情况，或将月季移入室内置于避风防寒处，或移入地窖，或埋入土中越冬，以冬季盆土不冻结为宜。

目前，我国不少办公楼和家庭，冬季已装置空调或暖气，室内温暖如春。因此，盆栽月季在冬季开花并非难事。据经验，在长江流域气候条件下，从 10 月下旬开始，每隔 3～5 天浇一次稀薄肥水，促使月季茁壮充实，同时，剪除多余的枝，摘除部分新芽，促进主枝粗壮旺盛；11 月初，剪除 2/3 的枝条，只留粗实主干，气温下降也不把月季移入室内，任其经受霜冻，并保持盆土潮湿；11月中旬，将月季移入室内向阳处，室内温度保持 15℃ 左右，每隔5～6 天浇水 1 次；新芽萌出后，每 3～5 天施 1 次液肥，在充足阳光照射下，月季便能在冬季开花。

三、梅花

梅，别名春梅、红梅等，原产于我国。梅主要栽培在长江流域的大、中城市，以武汉、无锡、苏州、南京的梅花最为出名。梅花是典型的中国式花卉，国外栽培得不多，仅日本较普遍。

1.生长习性

梅树为蔷薇科李属落叶小乔木。喜温暖、湿润、光照、通风，耐寒，并能适应较多的土壤类型，能在山地、平原的各种土壤中生长，以中性或微酸性黏壤土或壤土为佳，能耐土壤瘠薄，但在肥力较好的条件下生长势更好。其根系多分布在 40 厘米的表土层中，但在山地或贫瘠地根系分布较深。梅根系抗冻能力为 $-5 \sim -8℃$，较耐旱而不耐涝。

2.观赏应用

梅的观赏部位主要是花朵（图 1-3），其花无柄，有白、红、

图 1-3 梅花

粉、绿等颜色，有单瓣、重瓣之分，芳香浓郁。梅按枝型分有直脚梅、垂枝梅、龙游梅、杏梅等；按花型分有红梅型、宫粉型、朱砂型、绿萼型、洒金型。梅之美，体现于色、香、姿、韵等方面，梅是千百年来受人喜爱的传统名花，它枝干苍劲，风姿高雅，凌寒独放，斗雪盛开，具有坚毅的品格。古梅、名梅树龄都在 200 年以上，树高 4～10 米，冠幅 4～10 平方米左右。树干扭曲，树根裸露、错结如网、坚如鱼脊。梅可孤植、丛植、群植等，也可于屋前、坡上、石际、路边自然配植。另外，梅花可布置成梅岭、梅峰、梅园、梅溪、梅径、梅坞等。

3.露地栽培梅花幼苗安全高效施肥

播种培育实生苗主要供嫁接繁育作砧木或是培育新品种。

（1）苗床施肥　苗床应选在光照充足、5°以下的缓坡地，土质为微酸性、肥沃、疏松的砂壤土或壤土，而且排灌方便。

供秋播的苗床应在初秋进行翻耕施肥；供春播用的苗床可于冬季翻耕土地，播种前整地做床。翻耕前施肥：每亩施生物有机肥 150～200 千克，或商品有机肥 200～300 千克，或无害化处理过的腐熟堆肥 2000～3000 千克，或无害化处理过的腐熟猪圈粪 1500～2500 千克，或无害化处理过的腐熟牛圈粪 1000～1500 千克，或无害化处理过的腐熟土杂肥 3000～4000 千克。

长江流域一带多雨，宜用高畦，畦宽 100 厘米，畦沟宽 30～40 厘米，苗床四周有排水畅通的干沟。为防止芽苗染病，可用福尔马林稀释液（1：20）喷雾床面，每亩用药 3～4 千克，苗床上盖薄膜熏蒸消毒，3 天后掀去薄膜，使药液散发一周后，才可使用。

（2）幼苗施肥　中耕除草在幼苗生长季节不可间断，以保墒情，维护土壤的通气性，可结合施肥灌溉进行。

当苗高 15～20 厘米时，开始薄肥勤施。肥料以氮肥为主，可叶面喷施 0.1% 尿素溶液，随着幼苗的生长，逐步提高施肥浓度。7～8 月份后，苗木生长盛期已过，则减少或停止施肥。这样，梅苗在当年 8 月中下旬可望达到高 30 厘米、直径 0.6 厘米的嫁接标准。在芽接之前，估计砧木小于嫁接标准时，对高 30 厘米以上的幼苗进行摘心，并将苗高 10 厘米以下的分枝剪去，以抑制其生长，促进茎干增粗；对芽接部位以上的分枝，则应保留，以增加叶面积，有助于增粗干径。这项工作应尽早进行，以便伤口早愈合，对芽接成活有利。苗期雨水过多，土壤过湿，苗木易患立枯病，出现成排倒苗现象，可用 200 倍硫酸亚铁液浇灌，然后用清水洗叶。

4. 露地定植园地栽梅花安全高效施肥

（1）苗木选择　园林栽培宜用大苗，一般应在苗圃里培养 4～5 年，干径达 5 厘米以上，有几个自然分枝，且已始花。这种梅苗生命力强，对机械损伤和不适环境有一定的抗御能力。丛植者不等距，一般株距 3～5 厘米即可；列植者视品种、土质而异，株距为 4～5 米。营造大面积梅园，按土壤肥瘠确定行株距。通常呈长方形栽植，沃土地可定为 5 米×4 米，瘠薄地定为 4 米×3 米。

（2）定植穴施肥　定植穴应早准备，即冬植树，秋挖穴；春植树，冬挖穴。定植穴宜大不宜小，定植幼树的定植穴直径应为 1 米，深 70～80 厘米。挖出的表土，较肥沃疏松，堆在一边；底土瘠薄坚硬，堆在另一边。栽前 10 天左右锄松穴底。栽后回填穴土。每穴施生物有机肥 5～7 千克或商品有机肥 7～9 千克或猪圈粪 20～25 千克或牛圈粪 20～25 千克，并掺腐殖酸型过磷酸钙 1～2 千克或磷酸二铵 0.2～0.3 千克，与回填土拌和，上面再覆盖一层表土，培成土丘状，丘顶略低于穴口。如果植梅地带砖渣杂物太多，定植穴的回填土必然不够，应事先有充分估计，施工时备有客土供使用。

长江流域一带，落叶后至春季发芽前都可植梅。12 月份以前栽者，由于气温低、土温高，地上部分已停止生长，而栽后地下受伤的根容易愈合；春季栽者，正含苞待放，为了确保成活且不影响观花，应带土球种植，移栽成年大梅树。土球直径不小于干径的 6 倍。移栽前将梅树的大侧枝锯掉 1/3～1/2，以减轻根部供水的负担。主干和各大侧枝的下部都要用草绳缠裹，保持树皮湿度，防止日灼，降低蒸腾耗水。无论栽植幼树还是成年大树，是裸根栽植还是带土球栽植，栽后要灌一次透水，待水完全渗透穴土，穴面再封土保墒。幼树需设支柱，防止被风吹倒，大树需用铅丝呈三角形打桩，拉紧树干，防止摇晃影响根系固定。注意使用铅丝时，应在树干上包一圈棕皮或橡皮，以免树干的皮层被捆伤。

（3）定植后土壤管理　中耕、除草、深翻、培土是梅园的主要管理措施，而中耕和除草更是梅园重要的土壤管理措施。特别是开放赏梅的专类园，如南京梅子山、杭州灵峰探梅、武汉磨山梅园等，花时日以万计的赏梅者拥入园中，不停顿地践踏，易造成园土严重板结。这类梅园的土壤管理，已非常规中耕、除草所能解决的问题，而必须对园土进行全面深翻，以恢复园土的物理结构。第一次深翻应在赏梅季节之后，春夏之间多次锄松表土，打碎土块，锄除杂草，并对树根培土。将杂草等收拾起来覆盖树盘，厚度不超过10厘米，可起到保墒降温的作用。覆盖物腐烂后，又可增加土壤有机质。秋季结合施基肥，再深翻1次。武汉磨山梅园贯彻土壤管理措施得力，每年接待数十万人次赏梅，梅花依然花灿若锦。

种有地被植物而未被践踏的梅园，自然可免除深翻，但中耕、除草、培土必不可少。在梅林间铺设草坪者，视被践踏的程度，于赏梅季节后或全部深翻、重新铺草，或部分深翻、铺草，或直接补植草，经过一段封闭养护，便可恢复绿茵。

（4）地栽梅园施肥技术　不论庭院、梅园定植的梅树，都是长期固定在一个地点生长，每年要从土壤中吸收大量的养料。所以，应经常施肥，不断补充土壤的养分，才能使梅树生长健旺，开花繁密，寿命延长。合理施肥，肥后浇水，才能发挥肥料的最大效益。一年之中可分3次施肥。

① 基肥　基肥是供应梅树所需养分时间较长的基础肥料，并有改良土壤的作用，其用量占全年施肥量的70%。基肥以迟效有机肥（如厩肥、饼肥、绿肥等）为主，酸性土壤还应加入钙镁磷肥，施肥量视土壤、树龄、树势和开花情况而定。如浙江萧山区所前镇联谊村对山脚40～50年生梅树施基肥，每株施无害化处理过的河泥75～100千克，或无害化处理过的猪粪50～75千克，或无害化处理过的人粪尿25～100千克，或饼肥1～2.5千克。

常用的施肥方法有两种：一是环状沟施肥，即在树冠外围挖宽 30～40 厘米、深 20 厘米左右的环状沟，将肥料施入沟内，然后覆土，浇一次水。此法操作简便，用肥节省，但挖沟易切断水平根，而且施肥范围局限于沟内，一般多用于幼龄树。二是放射状沟施肥，即离主干 1 米处，顺水平根生长方向在树冠下挖放射状沟 5～8 条，沟长的一半在树冠内，另一半在树冠外，近树干处宜浅，为 15 厘米，远处深些，为 40 厘米。挖沟时要避开粗根，隔年隔次改变放射状沟的位置。此法一般比环状沟施肥伤根较少，施肥面积比环状沟施肥大，适用于成年树。

② 追肥　追肥每年 2～3 次，追肥的养分要全，而磷、钾肥应早施。

a. 花芽分化肥　长江流域一带的梅树于 6 月下旬至 7 月上旬新梢停止生长，进入花芽分化期时，应抓紧追施一次速效性磷、钾肥。可使用根外追肥喷施叶面，用 1%～2% 过磷酸钙的浸出液或 0.5%～1.0% 磷酸铵，配合 0.5%～1.0% 硝酸钾或 0.5%～1.0% 磷酸二氢钾或 3%～10% 草木灰浸出液。有条件的地区，可同时叶面喷施 500～1000 倍含腐殖酸水溶肥料，或 500～1000 倍含氨基酸水溶肥料，或 500 倍高活性有机酸叶面肥。

b. 催花肥　元月初，梅花含苞待放时，应追施增效尿素，每株 500～1000 克，可促使花艳。同时，开花前 15～20 天叶面喷施 1500 倍活力硼叶面肥和 1500 倍活力钙叶面肥，花期喷施 500 倍活力钾或生物钾叶面肥。

梅最怕涝渍，严重时，会引起夏季落叶、枯梢、死亡。针对梅树叶片伏秋旱卷曲脱落的内因和外因，在栽培上可采取：适时灌溉及土面保墒，减轻旱情；深耕园土，深施肥料，加厚土层，促使梅树根系向纵深伸展，增加吸水面积；生长期对叶片喷施 500 倍大量营养元素水溶肥料，提高叶片质量，增强树势。

（5）古梅、名梅施肥　古梅、名梅分布在华东、中南、西南各省，多孤植，树龄 200 年以上者居多，最高达 700 余年，它们是中华文明史的活的历史见证，有的被冠以"国宝"之称。然而，在悠悠岁月中，古梅饱经沧桑，树势普遍衰退。20 世纪 80 年代以来，已查明我国的 70 多株古梅、名梅，先后死亡 5 株，还有多株岌岌可危。对多数古梅、名梅从最基础的土壤管理做起，帮助扶壮、延长寿命已刻不容缓，应引起有关方面的高度重视。

对于已开放游览的古梅、名梅，应设护栏，使游人远离树盘，避免践踏而影响根系生长。护栏应从树冠边缘开始，尽量大些，另外将护栏内的土壤分年分次深翻，注意勿伤粗根，重施有机肥，平时保持表土疏松，防止渍水；对于已设护栏或砌石台植者，其护栏和石台普遍离树干太近，栏、台内空间小，基质有限，已难为古梅、名梅提供足够的养分。栏、台外又多为水泥、青石地坪，梅根深入地坪下，呼吸作用受阻，吸收营养物质有减无增，不能满足地上部分的需要，旷日持久，必然导致树势每况愈下。应积极设法扩充护栏和石台面积，填充客土，增施有机肥，旱时灌水，长年保持树盘内土壤疏松透气；对于准备开放观赏的古梅、名梅，特别是原株生长在坡坎上者，应在坡坎下方垒石填土，防止雨水冲刷、崩塌倒树；有的古梅、名梅原栽在寺庙里，更应设栏保护，向游客宣传保护古树名木的意义，不得爬树、攀枝摘花，并每年为古梅、名梅及时松土、施肥，帮助其恢复树势，延长寿命。

5. 梅桩盆景安全高效施肥

梅桩盆景施肥有别于地栽梅花。

(1) 营养土配制　每年或隔年梅桩谢花后，要进行换盆、换土。梅桩经一二年的生长，树体增大，又经冬春的孕蕾、开花，盆土的养分消耗极多，须更换或增补新的营养土。营养土土质应以疏松、排水、通气、pH 值为 6.5～6.8 的壤土为最佳，并依各地习惯而有所区别。可选用 60%～70% 的园土与 30%～40% 的砻糠灰拌和均匀，还可选用 40% 的冻化塘泥、30% 的腐叶土、10% 的细砂、20% 的厩肥拌和均匀。

(2) 追肥　4～6 月份为梅桩新梢生长期，5 月份生长量最大，6 月下旬便停长进入花芽分化期。在新梢生长阶段必须加强肥水管理，一般每半月施 1 次薄肥，每盆可施用腐殖酸型高效缓释肥

（15-5-20）0.3～0.5 千克。6 月至 7 月中旬为梅桩花芽分化的关键期，梅桩对肥水较敏感，肥水过多，则新梢徒长，会成为无花的空条。此时应控肥水，防止枝叶旺长。夏秋之间若高温干旱而落叶，会诱发花芽退化为叶芽，后萌发秋叶而成"空条"。此时应用 0.2% 尿素＋0.1% 磷酸二氢钾叶面喷施，有明显的保叶作用。

6. 无土栽培梅花安全高效施肥

现代生物技术的发展，为梅花提供了离体快繁的新技术，该技术具有繁殖系数大、周期短、产量高等优点。

（1）培养基配制　梅花组织培养的基本培养基，多为 MS 培养基。傅萼辉等采用了低无机盐浓度的自配基本培养基（简称 WB 培养基），其组成如下：硝酸铵（NH_4NO_3）1200～1400 毫克/升，硝酸钾（KNO_3）300～500 毫克/升，氯化钙（$CaCl_2 \cdot 2H_2O$）150～300 毫克/升，硫酸镁（$MgSO_4 \cdot 7H_2O$）40～100 毫克/升，磷酸二氢钾（KH_2PO_4）200～400 毫克/升，磷酸二氢铵（$NH_4H_2PO_4$）50～100 毫克/升，硫酸亚铁（$FeSO_4 \cdot 7H_2O$）13.9 毫克/升，乙二胺四乙酸二钠（Na_2EDTA）18.6 毫克/升，碘化钾（KI）0.83 毫克/升，硼酸（H_3BO_3）3.1 毫克/升，硫酸锰（$MnSO_4 \cdot H_2O$）8.0 毫克/升，硫酸锌（$ZnSO_4 \cdot 7H_2O$）8.6 毫克/升，钼酸钠（$Na_2MoO_4 \cdot 2H_2O$）0.25 毫克/升，硫酸铜（$CuSO_4 \cdot 5H_2O$）0.025 毫克/升，氯化钴（$CoCl_2 \cdot 6H_2O$）0.025 毫克/升，肌醇 50 毫克/升，烟酸 0.5 毫克/升，甘氨酸 1.0 毫克/升，盐酸硫胺素 0.1 毫克/升，盐酸吡哆醇 0.5 毫克/升，蔗糖 20000 毫克/升，琼脂 5500 毫克/升，pH 5.8。

与 MS 基本培养基比较，WB 培养基在大量元素中增加了铵态氮（NH_4^+）、$H_2PO_4^-$，含量提高了 1.5～3.0 倍。其余成分则有不同程度的降低：铁盐减半；微量元素除硼、锰分别减为 1/2 或 1/3 之外，其余未变；有机物除肌醇和甘氨酸减半之外，其余基本未变；另外，蔗糖浓度减为 2/3。

（2）组培苗培育　将配好的培养基用 100 毫升锥形瓶分装（每瓶 40～50 毫升），经高温（120～125℃）、高压（108 千帕）灭菌。

冷却后，在超净工作台上接种消毒过的外植体，接种后，将培养物置于培养室中静培养，温度控制在22~28℃，以日光灯作光源，光照强度为1000~2000勒克斯，每日光照12小时。

（3）初培养 粉皮宫粉梅的腋芽外植体在①WB＋BA（6-苄氨基腺嘌呤）2毫克/升＋ZET 11.0毫克/升＋IAA（吲哚乙酸）0.2毫克/升的培养基上初培养25天，有40％分化出丛生芽。美人梅在②WB＋KT（激动素）2.0毫克/升＋NAA（萘乙酸）0.05毫克/升，③WB＋KT 0.25毫克/升＋ZIP（6-甲烯氨基嘌呤）0.1毫克/升＋NAA 0.05毫克/升，④WB＋BA 1.0毫克/升＋ ZT（玉米素）2.0毫克/升＋NAA 2.0毫克/升和⑤WB＋BA 0.5毫克/升＋NAA 0.025毫克/升等5种培养基上均可被启动、萌芽，但只有在②上分化为正常的丛生芽，小宫粉梅等则在⑥MS＋IAA 0.5毫克/升＋BA 1.5毫克/升＋KT 0.5毫克/升上发芽。可见梅花腋芽外植体的初培养有两个发育方向，一是萌发单个芽，二是直接长成丛生芽。比较上述初培养的几种培养基，可以看出只有当细胞分裂素浓度至少在2.0毫克/升以上，且与生长素的比例在15∶1以上时，腋芽才能直接长成丛生芽，但不同品种对细胞分裂素类或生长素类的种类要求不同，浓度也有所差异。

（4）继代培养 将粉皮宫粉梅的丛生芽转移到⑦WB＋BA 0.25毫克/升＋IAA 0.05毫克/升的培养基上，20天后，瓶内培养物长出3~5株粗壮的无根苗。美人梅的丛生芽则在⑧WB＋BA 0.5毫克/升＋NAA 0.025毫克/升培养基上成苗速度快，幼苗较粗壮。在梅花丛生芽的继代培养中，如果适当降低细胞分裂素类的浓度和比例，丛生芽不仅能长出粗壮的无根苗，还能同时保持旺盛的不定芽增殖能力。

（5）生根培养 如果进一步降低培养基中细胞分裂素类的浓度，则可诱导出不定根。如将粉皮宫粉梅无根苗转移到⑨WB＋NAA 0.5毫克/升＋BA 0.025毫克/升的培养基上诱导生根，20~25天后瓶内小植株基部长出2~5条浅黄色根。美人梅在⑩WB＋NAA 0.05毫克/升＋IAA 0.025毫克/升＋BA 0.025毫克/升上，生根率可达 81.6%。

（6）小植株移栽　取出小植株经自来水清洗后，直接移栽到盆装培养土中，并加盖广口罐头瓶，置温室内养苗。培养土最好采用结构良好的偏酸性腐殖土，移苗期温度以 15～25℃ 为宜，光照为自然光，移栽成活率可达 80% 以上。当植株生长到 15～20 厘米高时，再移到室外培育。

（7）组培苗的生物学特性与应用　组培苗年生长量可达 0.5～0.8 米；萌芽力强，茎枝上、下部均能大量萌芽；根系发达，有较强抗御干旱或水渍的能力；同时也具有成熟期短的特性，2～3 年便可着蕾开花。目前粉皮宫粉梅、美人梅均已获 2～4 年生开花植株，在形、色、香方面与母树基本相同。因此，梅花组培苗兼具实生苗和无性苗的双重性状，既有利于长成大树，布置庭园，又有利于控制生长，形成小型商品盆梅上市，因而有广阔的应用前景。通过测算，当使用 3 平方米的培养室，并有移栽条件保证时，每年可产 2 万株梅花试管苗。

四、山茶花

山茶花（图 1-4）别名曼陀罗树、山椿、耐冬、晚山茶、茶花、洋茶等，原产于我国浙江、江西、四川及山东，长江流域以南栽培广泛。

1. 生长习性

山茶为山茶科山茶属常绿灌木或小乔木，常见的有山茶、云南山茶和茶梅等。山茶喜温暖湿润和半阴的场所，忌烈日暴晒，耐寒性较强。但它不耐积水，要求土壤水分充足而排水良好，喜深厚、肥沃、疏松、微酸性的砂壤、黄壤或腐殖土，但以 pH 5.5～6.5 为最佳。碱性及黏重土壤都不适于山茶花的生长。

2. 观赏应用

山茶树冠多姿，叶色翠绿，花姿卓越，花色艳丽，花朵变化丰富多彩，花期正值冬末春初，有"雪里开花到春晓，世间耐久孰如君"的美誉。江南地区既可丛植或散植于庭院、花径、假山旁、草坪边缘，也可片植为山茶专类园。北方宜盆栽，用来布置厅堂、会场效果最佳。

图1-4　山茶花

3.施肥配方

据高继银等（1991）的研究，山茶花盆栽栽培基质以蛭石∶河沙∶泥炭为10∶5∶1的比例配制和蛭石∶泥炭为2∶1的比例配制适宜山茶花生长，春季施肥以氮磷钾配方（23-12-15）、秋冬季施肥以氮磷钾配方（5-20-26），或者全年施肥以氮磷钾配方（23-12-15）为最佳。

4.地栽山茶花安全高效施肥

种植地应具备半阴、通风良好及防强风条件；土壤质地疏松，富含腐殖质，保水和排水条件良好，酸碱度适宜。

（1）栽植时间　全年均可进行栽植，但以秋季最为适宜，虽然栽植后当年冬季植株的地上部分进入休眠状态，但地下的根仍能继续生长，到了翌年夏季，其耐热力会较强。若在春季栽植，则当年夏季植株的耐热力较差。

（2）栽植并施基肥　先将植株带土球挖起，土球的直径应为树干直径的6～10倍，土球的厚度为树干直径的1/3～1/2，然后用草绳和草席等材料包扎土球。

挖一个直径比植株根部土球大2倍以上的浅坑，深度为土球厚度的2倍。并在坑中间留一个小土台，高度为土坑深度的1/2左右，直径与土球基本一致。

将原先挖出的土与有机质如泥炭、树皮、树叶、基肥混合后填入坑中，最后浇透定植水。每穴施生物有机肥6～8千克或商品有机肥10～12千克或猪圈粪20～30千克或牛圈粪20～30千克作基肥，并掺腐殖酸型过磷酸钙1～2千克或磷酸二铵0.2～0.3千克。

（3）成活后施肥　合理施肥是养好山茶花的重要一环，施肥时要讲科学、讲技巧。

① 养叶促根　栽植后半年一般不施浇根肥，只进行叶面喷肥，可用500～1000倍含腐殖酸水溶肥料，或500～1000倍含氨基酸水溶肥料，或500倍高活性有机酸叶面肥，或0.1%～0.2%尿素溶液，每周喷施一次。待植株长出新枝新叶，并基本老化后，每周可用1～2份沤肥加清水8～9份追施浇根淡薄肥一次。

② 花后补身　3～4月份，山茶花大多数已开完花，树体养分大量消耗，此时应追施以氮肥为主的"补身肥"。在泡沤的畜禽粪或其他沤肥中，加入适量的尿素，取沤肥2份加清水8份浇根，每3～5天施一次。

③ 怀胎孕蕾　5～6月份，新枝成熟，开始进入花芽分化期，可在4～6月份施以磷肥为主的"怀胎肥"。可每亩施氮磷钾复合肥（5-20-26）15～20千克，或每亩施腐殖酸型过磷酸钙或钙镁磷肥40～50千克。

④ 保蕾着花　在7～8月份施以磷肥为主的"保蕾肥"。可每亩施氮磷钾复合肥（5-20-26）10～15千克，或每亩施腐殖酸型过磷酸钙或钙镁磷肥30～40千克。

⑤ 促开艳花　在10～11月份施以磷、钾肥为主的"促花肥"。

可每亩施氮磷钾复合肥（5-20-26）10～15千克；或取1份沤肥水加清水9份浇根，每3～5天施一次。

⑥ 施后劲肥　春季前后山茶花进入盛花期，追施后劲肥。花期施肥浓度要减淡一两成，以磷钾肥为主，每周施一次。

5.盆栽山茶花安全高效施肥

（1）品种及花盆的选择　盆栽山茶花宜挑选叶片较小、生长缓慢的品种。栽植时，应当用素烧花盆，其透气性和吸湿性均好，利于根系发育。花盆的大小与植株的大小比例要适当。一般株高15～20厘米的，可用20厘米口径的盆；株高30～45厘米的，用25厘米口径的盆；株高80～120厘米的，用36厘米口径的盆；株高140～160厘米的，用55厘米口径的盆。

（2）盆土的选择　通常采用人工配制的培养土。如堆肥1份＋沙土1份＋松树皮1份；砂壤土1份＋泥炭1份；砂壤土4份＋腐叶土4份＋粗砂4份＋泥炭1份＋牛粪1份＋少量骨粉。

（3）上盆或换盆　一年四季皆可进行，但最好是于10月至11月上旬，其次是2月底至4月初。先将盆底漏水孔用2个碎瓦片上下交错搭盖，盆底铺一层粗砂，厚度以盖住瓦片为宜。然后将植株植入盆内，根颈部比盆沿低2～3厘米，将培养土填入盆中，至稍盖住根颈部，镇压后用喷壶浇透水。

（4）合理施肥　合理施肥是养好山茶花的重要一环。

① 养叶促根　栽植后半年一般不施浇根肥，只进行叶面喷肥，可用800～1000倍含氨基酸水溶肥料或800倍高活性有机酸叶面肥每周喷施一次。待植株长出新枝新叶，并基本老化后，每周可用1～2份沤肥加清水10～12份追施浇根淡薄肥一次。

② 花后补身　山茶花开完花后，树体养分大量消耗，此时应追施以氮肥为主的"补身肥"。可用1000倍的含腐殖酸水溶肥料加入0.01%的尿素配成肥液，取肥液1份加清水10份浇根，每3～5天施一次。

③ 怀胎孕蕾　待山茶花新枝成熟，开始进入花芽分化，可取1份肥液（1000倍的含腐殖酸水溶肥料加入0.01%的尿素配成肥液）

加清水 10 份浇根，每 3～5 天施一次。

④ 保蕾着花　保蕾着花期，可取 1 份上述肥液加清水 15 份浇根，每 3～5 天施一次；或每 3～5 天喷施一次 0.05％磷酸二氢钾溶液。

⑤ 促开艳花　开花前施促花肥。可取 1 份上述肥液加清水 15 份浇根，每 3～5 天施一次；或每 3～5 天叶面喷施 1000 倍活力钾或生物钾叶面肥溶液。

⑥ 施后劲肥　山茶花进入盛花期，追施后劲肥。花期施肥浓度要减淡一两成，以磷、钾肥为主，每周施一次。

6. 盆景栽培山茶花安全高效施肥

盆景的栽植方法有两种：一是将山茶花实生苗或扦插苗直接栽植于盆内，然后经常修剪和造型；二是利用油茶的老树根或干，在其上嫁接山茶花品种，然后修剪成盆景。

（1）基肥　常采用饼肥、骨粉、动物粪便或堆肥，使用前需充分腐熟、晒干和粉碎，使用时与培养土按 1 :（2～9）的比例混合，具有肥力持久并能改善土壤物质性能的特点。

（2）追肥　施肥应以有机肥为主，化肥为辅；重视基肥的使用，并根据山茶花不同季节和不同的生长发育阶段对肥料要求不同的特点合理追肥。4 月至 5 月中旬，为新梢迅速生长期，应追施以氮素为主的肥料，适当补充一些磷、钾肥，可选用氮磷钾复合肥（23-12-15）；5 月下旬至 6 月，为花芽分化期，应改施以磷、钾为主的肥料；7～8 月，天气炎热，山茶花生长基本停止，不宜施肥；9～11 月，应施低氮高磷钾肥料，可选用氮磷钾复合肥（5-20-26），并增施硼肥，以保蕾促花；12 月至翌年 3 月上旬，天气寒冷，山茶花处于半休眠或休眠状态，只需埋施一次迟效性有机肥，以利于翌年萌芽及开花。

五、桂花

桂花别名木犀、九里香、月桂、岩桂等，原产于中国西南部。目前淮河流域至黄河下游以南各地普遍地栽、以北多为盆栽。

1. 生长习性

桂花为木犀科梣属常绿阔叶乔木，喜温暖，耐高温，不耐寒；喜阳光，也能耐半阴；喜湿润，不耐涝渍；对土壤要求不严，但以土层深厚、排水良好的砂壤土为宜；喜酸性而不耐盐碱，以 pH 5～6.5 为最佳。生长在排水良好的砂壤土中的桂花，根系主要集中在 40～60 厘米的表土层中，根系发达，树势旺，寿命长。桂花喜肥，在有机质含量丰富的土壤中生长良好。

2. 观赏应用

桂花（图 1-5）是我国的传统"十大名花"之一，是我国特产的观赏花木和芳香树种，其形、色、香、韵俱佳。桂花树姿挺秀，四季常青，中秋节开放，飘香四溢，深受人们喜爱。其因"不因花小而自弃，清香飘逸，浓馥致远"等品质备受历代文人墨客的青睐，被赞誉"独占三秋压群芳，何夸橘绿与橙黄"，是园林造景艺术中广泛应用的植物材料。桂花常孤植、对植，也可成丛成片栽植，还是盆栽观赏的好材料。

图 1-5　桂花

3. 施肥配方

据陈洪国（2009）研究，对于 12 年生丹桂，每株施氮（N）0.25 千克、磷（P_2O_5）1.5 千克、钾（K_2O）0.25 千克，有利于桂花生长和花量增加。

据孔凡云等（2014）研究，建议桂花定植时每株施生物有机肥10千克；种植后前两年，每年5～6月份和8～9月份每株施生物有机肥10千克；第三年开始每年10～11月份每株施生物有机肥25千克、三元复合肥0.5千克；始花期桂花树基本与幼年桂花树相同；10年以上桂花树每年10月份每株施生物有机肥50千克、三元复合肥1千克。

4. 地栽桂花安全高效施肥

桂花为常绿小乔木，根系深，寿命长，立地条件适宜与否对桂花的生长发育、鲜花产量、品质具有深远影响。

（1）园地选择　山地具有日照充足、空气流通、排水良好的特点，比平地更适宜于桂花生长。平地栽植桂花，须选择地势高燥、排水良好、质地疏松、富含有机质、呈酸性或微酸性之地。

庭院、园林、风景名胜区种植桂花，要注意清除栽植穴内的建筑垃圾，如碎砖、石块、铁片、水泥渣、石灰渣等，最好换用客土，并增施有机肥，创造一个适宜根系生长的良好环境，促进植株正常生长、及早开花，提高观赏价值。

江南各地可选择房前屋后的地势高燥之地栽植桂花。发展农村家庭桂花生产，不仅可以增加经济收入，还可起到绿化、美化、香化环境的作用，是经济利用土地、发展产院经济的一条新的途径。

在城市，要兼顾生产性、观赏性与实用性，一般选择金桂、晚银桂；园林和风景区，应取实用与观赏相结合，将不同花期、花色以及香气浓淡不一的各品种相互配合，达到季季开花、四季飘香、色彩多变、景色常新的目的，可选用四季桂、银桂、丹桂和金桂。在配置上，还要将桂花同其他花木混植在一起，达到相互衬托、交相辉映、四季有花、春色常在的目的。

桂花既可以秋植（10月上旬至11月中旬），也可以春植（2月下旬至3月上旬）。秋植根系伤口愈合好，新根发生早，利于桂花生长，但春植更为安全可靠。

（2）基肥　栽植前，先按栽植密度和栽植方式定点，挖好栽植穴，穴的大小、深浅视苗木的土球大小而定，通常栽植穴较土球为大，挖穴时表土和心土分开堆放，以便栽植时填表土于根周，覆心土于上层。栽植时，先在穴底施入有机肥，一般每穴施生物有机肥8～10千克，或商品有机肥10～12千克，或无害化处理过的厩肥30～40千克，或无害化处理过的土杂肥60～80千克，覆一层厚约10～15厘米的土，立苗于坑中，随即填土踏实，栽后浇透水1次，水渗下后薄覆松土一层。

（3）追肥　桂花喜有机肥，但忌人粪尿。

① 幼年树施肥　桂花树在栽植后至始花前，管理的重点在于勤施肥水，中耕除草，加强树盘内的土壤管理，养好根系，促进春梢旺盛生长。全年施肥4次。第一次在入冬前开环状沟施入，一般每株施生物有机肥1～2千克，或商品有机肥3～5千克，或无害化处理过的厩肥10～20千克，或无害化处理过的土杂肥20～30千克；第二次在早春萌芽前施入，以速效性氮肥为主，以促进新梢旺盛生长，每株用腐熟豆饼1～2千克，或腐熟猪粪3～5千克，或腐熟禽粪2～3千克，兑水50倍施用；第三次施肥在春梢停止生长后（5月下旬前后）进行；第四次施肥在6月底至7月底进行。后两次追肥，以施入速效性氮肥为主，配合施用磷、钾肥，以促进夏梢和秋梢生长，增加分枝级次和枝叶数量，对加速成形、增加营养积累极为有利，每次每株施腐殖酸型高效缓释复混肥（18-8-4）0.5～1千克。

在具体实施中，要根据桂花树的长势来决定施肥的种类、数量。若夏梢数量低于10%～15%，表明树势偏弱，应增加氮肥的施用次数和数量；若晚秋梢数量超过10%，表明树势偏旺，应适当控制氮肥，增施磷、钾肥，以促进枝条组织充实健壮，增强植株越冬能力。

② 始花期施肥　采用三年生的压条栽植，一般经3～6年即可进入始花期。每年10～11月份，每株施生物有机肥5～10千克，或商品有机肥10～15千克，或无害化处理过的厩肥20～3千克，或无害化处理过的土杂肥50～70千克，并配施腐殖酸型高效缓释

复混肥（18-8-4）1～1.5千克。但在春梢生长停止后，要注意控制氮肥，增施磷、钾肥。

③ 成年树施肥 20年生以上的桂花树，即进入盛花期，开花数量逐年增加。施肥的重点在于维持树势，延长盛花年限，增加花量，提高花质。全年施肥3次：第一次在入冬前施基肥，每株施生物有机肥40～50千克，或商品有机肥50～80千克，或无害化处理过的厩肥100～120千克，或无害化处理过的土杂肥200～300千克；第二次在2月底至3月初施萌芽肥，以促进春梢生长，每株施腐熟猪羊粪50～100千克，或生物有机肥15～20千克，或商品有机肥20～30千克，并配施腐殖酸型高效缓释复混肥（18-8-4）1.5～2千克；第三次在花前20～30天，喷施0.3%磷酸二氢钾2～3次，并可喷施0.3%的尿素和0.4%的硼酸，以提高鲜花质量。

进入盛花期的桂花树，基枝的顶梢平均长度超过15厘米，单枝平均抽生春梢3根以上，视为树势强；顶梢平均长度在5～15厘米，单枝平均抽生春梢2～3根，视为树势中等；顶梢平均长度在5厘米以下，单枝平均抽生春梢2根以下，视为树势偏弱。树势强者，要控制氮肥，适当提高磷、钾肥的比例；树势偏弱者，要增施氮肥，并适当增加施肥数量和次数，以促进生长，延长盛花期的年限。

④ 衰老树施肥 对衰老树的复壮更新，要进行综合措施，如深耕改土、肥培管理、病虫害防治以及合理修剪等。在肥培管理上更多的是施有机肥，结合施肥进行深耕，改良土壤，改善土壤理化性状，以利根系生长。同时，对地上部进行疏枝和短截，改善树冠的通风透光条件，减少生长点，使养分、水分集中利用，增强新梢长势。每年10～11月份每株施生物有机肥30～40千克，或商品有机肥40～50千克，或无害化处理过的厩肥80～100千克，或无害化处理过的土杂肥100～150千克。并在春夏季叶面喷施500～1000倍含腐殖酸水溶肥料，或500～1000倍含氨基酸水溶肥料，或500倍高活性有机酸叶面肥，并同时喷施600～800倍复合微量元素水溶肥料。

施肥要合理。红黄壤呈偏酸性反应，质地黏重，透气不良，含有机质少，往往缺锰、镁、钙；而夹砂、淀砂土壤为中性或中性偏碱，质地疏松，含有机质较少，往往缺铁。因此，应注意补充这类微量元素。在排水不良、地下水位偏高的桂花园，应切实清沟理墒，在加强排水的基础上，做好施肥改土工作。

5.盆栽桂花安全高效施肥

近年来家庭盆栽桂花非常盛行，特别是在华北、东北各地，盆栽桂花常被用以室内外陈设、布置会场和作为节日用花。

（1）培养土调制　盆栽桂花培养土要求有良好的理化性质、价低易取、卫生无病虫害。常见培养土有：①腐叶土4份、园土4份、河沙2份；②腐殖土5份、堆肥土3份、河沙2份；③牛粪5份、细木屑3份、河沙2份；④壤土5份、泥炭3份、河沙2份；⑤泥炭5～7份、细砂3～5。将培养土按比例拌和均匀，并施入腐熟的饼肥、禽粪等有机肥作基肥，充分发酵腐熟后使用。装盆前调节其pH至5～6.5左右。

（2）施肥　盆栽桂花种好后，要浇足透水，然后移至阴凉处约10天，使其"服盆"，逐步恢复生长。服盆期间可暂不浇水，更不能施肥。在桂花恢复生长并长出新叶时，方可进行施肥。由于盆土的面积有限，因此盆栽桂花时对肥水的需求量较高。3月份新梢生长旺盛，应施1～2次以氮肥为主的肥料，每盆可施尿素1～2克或腐殖酸型高效缓释复混肥（18-8-4）5～8克等。在花芽分化和开花前，则施以磷、钾肥为主的肥料，以满足花芽分化的需要，每盆施腐殖酸型高效缓释复混肥（15-5-20）8～10克、腐殖酸型过磷酸钙2克。10月中旬后应以施氮肥为主，配施速效性磷、钾肥，每盆可施腐殖酸型高效缓释复混肥（18-8-4）8～10克，有利于充实树体，强化根系，为下一年生长、开花打下基础。入冬休眠后，桂花生命活动微弱，不必施肥。

盆栽桂花在施肥前，盆土要稍干一些，但最好先松土，便于肥料被桂花根系吸收。施肥后的第二天浇1次水有助于肥料被根系吸收。

根据桂花不同发育阶段及其需肥规律，可适当配合叶面喷施 500～1000 倍含腐殖酸水溶肥料或 500～1000 倍含氨基酸水溶肥料或 500 倍高活性有机酸叶面肥，并同时喷施 600～800 倍大量元素水溶肥料，或 0.3%～0.5% 尿素和 0.2%～0.3% 磷酸二氢钾溶液。

六、杜鹃花

杜鹃（图 1-6）别名比利时杜鹃、映山红，是我国"十大名花"之一。云南是闻名世界的杜鹃分布中心，云南、西藏、四川三省（区）是杜鹃主产区。

图 1-6　杜鹃

1. 生长习性

杜鹃为杜鹃花科杜鹃花属常绿或半常绿灌木。杜鹃根系发达，大都为浅根性，分布于 20～60 厘米的表层土中。山地表土中含有大量的枯枝落叶和腐殖质，呈酸性，所以栽培杜鹃的土壤，应以 pH 5.5～6.5 的疏松肥沃壤土为好，并要求具有团粒结构，排水和通气均良好。

2. 观赏应用

杜鹃花型有喇叭型、口笑型、牡丹型等，并有单瓣、复瓣、重瓣，花瓣边缘有卷边、皱边、波浪等状，花色以红色为主，可分为大红、紫红、桃红、黄红、肉红、墨红等，还有黄、白、橙、青及红白相间的复色等。杜鹃开花早、花色多、花期长，每年 4～5 月份开放，被称为"花中西施"，给人们带来无尽情思，"杜鹃花与鸟，怨艳两何赊。疑是口中血，滴成枝上花"，因此，莺唤鹃啼，杜鹃盛开之际，易诱发人们的思乡返归之情。杜鹃除野生成片种植外，多以盆栽和缸栽，也可以地栽。

3. 施肥配方

李志翔（2008）利用三元复合肥对杜鹃生长进行研究，建议三元复合肥 2 克/升作为北方地区杜鹃生产的最适浓度。

4. 盆栽杜鹃安全高效施肥

杜鹃的根系吸肥能力较差，施肥浓度过高会使植株发黄掉叶，严重时叶尖、叶缘焦黄，甚至整个植株枯死；施肥浓度过低，会影响植株生长，降低观赏价值。因此，施肥浓度是杜鹃能否养好的关键因素之一。

（1）育苗 扦插是杜鹃育苗最常用的方法。适宜杜鹃扦插的基质有黑山土、黄山土、河沙、蛭石及珍珠岩等，均具有疏松、通气、透水以及杂草和病菌少等特点。其中后 3 种具有保湿、保暖的特点，但不含养分。插穗生根后应及早移至培养土中。扦插后 1 个月内，注意遮阴和保湿。扦插 10 个月以后，插穗根系已相当丰满，可以开始施用淡肥，浓度为 3%～5%，此时可移植上盆，冬季时放进温室培育。

（2）盆栽培养土配制 杜鹃为酸性植物，要求土壤 pH 5.5～6.5，通气，透水，富含有机质。

① 黑山土 由多年的枯枝落叶堆积腐烂而成，酸性，黑褐色，疏松，团粒结构好，通气、透水，含腐殖质多，是栽培杜鹃的最理想的土壤。该种土在南方高山区易于采取到。

② 黄山土 酸性，含腐殖质少，肥力差，可在冬季前挖取，经过一个寒冬的冻融风化变得疏松，病虫害亦相应减少，再适当掺

入肥料，即可使用。

③ 腐叶土 即用一般土壤和枯草落叶分层堆成土丘，浇入人粪尿，外面用泥密封好，令其充分发酵，1年后即可使用。在装盆前，应暴晒数日，碾碎，过筛，除去石子、杂草根等杂物。

（3）盆栽杜鹃施肥技术 杜鹃喜肥，但又不耐肥，施肥一般遵循"薄肥勤施""清、淡、熟"等原则。

① 基肥 一般用长效肥料，如蹄角片、骨粉、饼肥、粪干、生物有机肥等，一般按肥土比例1∶20在上盆或换盆时与土壤掺和使用，肥效长达1～2年。

② 追肥 要根据杜鹃各个生长期的需要，一般在3～5月份和9～10月份两个时期施肥，一般每隔15～20天用无害化处理过的充分腐熟的鸡粪、发酵豆饼或花生饼按1∶50兑水浇施，或叶面喷施0.2％磷酸二氢钾溶液。开花期应停止施肥。7～8月份高温，杜鹃生长停滞，不宜施肥。冬季杜鹃进入休眠期后，即停止施肥。

杜鹃施肥应注意以下几点：薄肥勤施，肥料要充分腐熟，尽量不使肥料落到枝叶上；施肥最好在晴天、盆土干燥时进行；施肥也宜在傍晚进行，此时施肥安全、效果好；施肥后的第二天早上要浇1次清水，作用在于溶解土壤中的肥料，帮助根系吸收。

我国北方种杜鹃，因水和土壤呈碱性，常因缺铁而使杜鹃黄叶。花农可自行配制矾肥水施用，但不可用人粪尿、豆饼、水配制，再置于烈日下暴晒，否则既损失肥分又不卫生。据丹东地方经验，每50千克水只需用0.1％硫酸亚铁或加食醋数滴后即可常年浇用，效果良好。也可以用杜鹃专用肥，既能保持土壤酸性，又能供肥，效果极佳。

七、茉莉花

茉莉花（图1-7）别名木梨花、抹厉，原产于印度及阿拉伯地区，在佛经中称"抹丽"，有压倒群芳之意。目前全国各地均有栽培，以福建、广东、广西、云南、四川、浙江、江苏为盛产之地。

图 1-7 茉莉花

1. 生长习性

茉莉为木犀科茉莉属常绿灌木。茉莉性喜温暖、湿润，要求土壤肥沃、排水良好、偏酸性。茉莉畏寒，畏旱，适宜气温为 25～35℃。

2. 观赏应用

茉莉有较高的观赏价值，叶、花、香并赏。茉莉枝叶繁茂，叶如翡翠，花似玉铃，并且开花茂盛而持久，香气清雅。在华南、西南地区可露地栽培，常作树丛、树群的下木，也可植于路旁花篱。长江流域及其以北地区多作盆栽观赏。

3. 盆栽茉莉安全高效施肥

（1）盆栽营养土配制　可用肥沃鱼塘泥 4 份、河沙 2 份、堆肥 4 份混合均匀即可。上盆时，盆底可放适量骨粉、豆饼作基肥。

（2）合理施肥　茉莉有"清兰花，浊茉莉"之说。茉莉开花次数较多，需肥量大，但以"勤施少施"为原则。常用有机肥为经充分腐熟发酵的豆饼、花生饼、菜籽饼等饼肥类，骨粉、蹄角片、鱼腥水等动物类，畜禽粪便等。

盆栽茉莉，冬季室内温度不得低于 5℃，冬季浇水要减少，盆栽浇水最忌碱性水，常用淘米水发酵后或禾草浸泡后的水浇，或伴随追肥水加少量黑矾水调节土壤 pH。2～3 年换盆 1 次，换盆宜在早春，用利刀将靠盆生长的根削去，促进重长新根。在新盆底添加骨粉、蹄角屑等作基肥。夏季进行短日照处理，可促进开花。花蕾似绿豆大，第一朵花刚露白色时，控制浇水。当盆土发白，盆壁出现裂缝，茉莉嫩叶和花蕾萎蔫时浇透水。

茉莉应薄肥勤施。4月中旬后可每隔一周浇施一次腐熟的液肥，浓度为10％左右；也可用500～1000倍含腐殖酸水溶肥料或含氨基酸水溶肥料溶液浇施。孕蕾和第一批花开放时，追施一次鸡鸭粪肥液，浓度为15％。第一批花谢后，可用20％～25％沤熟的豆饼液肥每隔2～3天浇施1次，这样可促进花蕾形成、枝繁叶茂。以后至第二批花前（夏花），每隔4～5天浇施一次15％的稀薄液肥；也可用1000倍含腐殖酸水溶肥料或含氨基酸水溶肥料溶液浇施。第二批花开完后，施肥要求与第一批花开放后相同。第三批花开完后，气温逐渐降低，施肥次数也应随之减少，一般每周左右施肥一次，肥料以氮、磷、钾肥配合施用为宜。霜降之后入室，一般不需施肥。

八、米兰

米兰别名米仔兰、树兰、鱼子兰、碎米兰，原产于亚洲南部，中国华南地区、越南、印度、泰国、马来西亚等地均有分布。

1. 生长习性

米兰（图1-8）为楝科米仔兰属常绿灌木或小乔木，盆栽呈灌木状。米兰喜温暖，忌严寒，喜光，忌强光直射，稍耐阴，要求肥沃、富有腐殖质、排水良好的壤土。

2. 观赏应用

米兰既可观叶也可赏花，醇香诱人，为优良的芳香植物。开花季节浓香四溢。我国华南地区可用于绿地内丛植、行植；米兰也是公园、庭院常用的香花灌木；全国各地都可用作盆栽，布置于会场、门厅、庭院以及作为家庭装饰。

图 1-8　米兰

3.盆栽米兰安全高效施肥

（1）盆栽营养土配制　米兰需每年换一次盆，盆土以酸性或者中性为好，一般选择泥炭土或充分发酵的堆肥作营养土。盆底放入蹄角片作基肥，换盆后要立即浇一次透水。虽然米兰对土壤的要求并不严格，但以富含腐殖质、肥沃、微酸性的砂壤土为宜。在调制盆土时，采用泥炭土 2 份加沙 1 份，或者选用肥沃园土、堆肥土各 2 份加沙 1 份，混合调制。

（2）适时灌水　米兰对水分要求比较严格，浇水应本着"见干见湿，不干不湿，浇则浇透"的原则。夏季高温时浇水要浇透，每天上午 9 时左右浇 1 次，同时上、下午各向叶面喷水 1 次。在春季和秋季浇水量要减少。到了冬季一般 3～5 天浇 1 次水。

（3）合理施肥　米兰每年连续开花数次，花期长，会消耗体内大量养分，只有及时补充养分才能不断开花。如果在开花期间养分不足或者施肥不当，就会减少开花次数，有时每年只开花一次，或者只能看见枝叶长得很旺盛就是不开花。为此在养护中要注意合理施肥。

米兰施肥，一般从萌发新芽开始，每隔 10～15 天施肥 1 次，主要施以氮肥为主的液肥，可用 500～1000 倍含腐殖酸水溶肥料或含氨基酸水溶肥料溶液、0.1％尿素混合液浇施，促进枝叶健壮生长。从 5 月下旬起，为了促进花芽分化和花蕾的形成，改施以磷、钾肥为主的稀薄液肥，可用 0.2%～0.3%磷酸二氢钾溶液浇施或叶面喷施，或用浓度为 1%～2%氮磷钾复合肥（5-20-26）肥液浇施。如此，6～10 月份就能不断孕蕾开花，且香气浓郁。7 月份以后，每月施以磷肥为主的肥料 2～3 次，每次可用 0.2%～0.3%增效磷酸二铵肥液浇施或澄清液叶面喷施，以首次开花后或下次开花前施入为好。10 月中旬后停肥。肥后浇水要足，排水要畅，不要积水。

在米兰生长发育期间应结合浇水，每半个月浇一次 0.2%硫酸亚铁肥液，使土壤呈酸性，更使其叶绿繁茂。

九、紫薇

紫薇别名百日红、痒痒树，原产于亚洲至大洋洲，广泛分布于我国长江流域各省区。现栽培分布北至北京、太原及辽南部分沿海城市，东至青岛、上海，南达台湾和海南，西至陕西、四川等省。

1. 生长习性

紫薇（图 1-9）为千屈菜科紫薇属落叶乔木或灌木。紫薇喜温暖气候，耐热，有一定抗寒性，喜中性偏酸土壤。

图 1-9　紫薇

2.观赏应用

紫薇树姿优美，枝干屈曲，一般夏开秋谢，开花时满树红花，娇艳烂漫，深受人们喜爱，为园林中夏秋重要观花树种。紫薇既可地栽，也可盆栽。

3.紫薇安全高效施肥

紫薇开花时间长，需要较充足的养分供应。

（1）基肥　定植时或冬季应施入适量的有机肥作基肥，冬季施肥应在根际周围开沟施肥，也可在秋末施入，并浇足水。一般每株施生物有机肥 8～10 千克，或商品有机肥 10～15 千克，或无害化处理过的厩肥 30～40 千克，或无害化处理过的土杂肥 60～80 千克，并配施腐殖酸型高效缓释复混肥（18-8-4）0.5～1 千克。

（2）追肥　5～7 月份是紫薇花芽分化和孕蕾时期，应追施以磷肥为主的肥料 1～2 次，以促花多、花大、花艳。每株可施增效磷酸二铵 0.3～0.5 千克或腐殖酸型过磷酸钙 1～2 千克，并叶面喷施 500 倍活力钾或生物钾叶面肥溶液。

并应在每批花谢后施薄肥一次，以保花期长而不衰。可取 2 份沤肥水加清水 8 份浇根，或喷施 0.2%磷酸二氢钾溶液，或叶面喷施 500 倍活力钾或生物钾叶面肥溶液。

十、扶桑

扶桑别名朱槿、佛桑、大红花，原产于我国福建、台湾、广东、广西、云南、四川等省（区），现在温带至亚热带地区均有栽培。

1.生长习性

扶桑（图 1-10）为锦葵科木槿属落叶小乔木或灌木。扶桑喜温暖，畏寒冷；喜湿润环境，忌干旱；喜疏松、肥沃、排水良好的偏酸性土壤。盆栽时，采用 pH 5.5～6.5 的培养土或腐叶土为好。

2.观赏应用

扶桑花色鲜艳，花大形美，品种繁多，开花四季不绝，是著名的观赏花木。其花色通常为玫瑰红、淡红、淡黄、白色等。在南方

图 1-10 扶桑

多散植于池畔、亭前、道旁和墙边，也作绿篱或背景屏篱。盆栽扶桑可用于客厅和入口处摆设。

3.盆栽扶桑安全高效施肥

（1）盆栽营养土配制 扶桑生长旺盛，花期长，因此需要肥沃的盆土。可用园土、腐叶土（或泥炭土）、粪土、沙按6：2：1：1的比例配制盆土。

（2）上盆与换盆 扦插苗生根后先上10厘米盆，盆底排水孔用碎瓦片垫好，并覆盖1层炉渣或碎瓦片作排水层，再填放盆土，然后栽苗、填土、压实、浇水。根据气候干湿情况，每天浇水1～2次，并放置于半阴处，经10～15天缓苗后，移到阳光充足的地方。经过2个多月的生长，可以换入17厘米盆。盆土用8份园土与2份粪土配制，同时在盆底要放些饼肥粉作基肥。

扶桑根系发达，经过2～3年培育后需换盆，换盆时间为春末或夏初，以后每年4月换盆1次，逐步换入30～60厘米盆。换盆时要求基肥充足，去掉边缘宿土，换上新的培养土。盆土用6份园土与4份粪土配制，盆底略加腐殖酸型过磷酸钙10克；剪去腐烂根和部分过多、过长、卷曲的须根；对植株进行修剪整形，保持美丽的树冠；栽植时土要压实，浇透水，先庇荫数天，经缓苗后移入阳光充足处培养。

（3）合理施肥　扶桑生长期需给予充足的肥水，为新梢生长与花蕾形成提供充足的营养，一般每隔 10～20 天浇施 1 次稀薄液肥。可用 500～1000 倍含腐殖酸水溶肥料或含氨基酸水溶肥料溶液、0.1‰尿素混合液浇施，或用无害化处理过的充分腐熟的鸡粪、发酵豆饼或花生饼按 1∶50 兑水浇施，并配施腐殖酸型高效缓释复混肥（18-8-4）5～10 克。植株幼小时，肥料宜淡，次数宜勤；植株成年后，肥料宜较浓，尤其禽粪与复合肥混合腐熟后效果特佳，施肥间隔时间可较长。越冬期间停止施肥。

（4）叶面追肥　常使用 0.1‰磷酸二氢钾溶液，适当配合 500～1000 倍含腐殖酸水溶肥料，或 500～1000 倍含氨基酸水溶肥料，或 500 倍高活性有机酸叶面肥进行叶面喷施，效果好。

十一、樱花

樱花别名山樱花、福岛樱，原产于中国、日本、朝鲜，现我国大多数地区均可栽植。

1.生长习性

樱花（图 1-11）为蔷薇科樱属落叶乔木。樱花适应性较强，喜光不耐阴，喜湿润而不耐涝，不耐碱，在肥沃、疏松、透水、微酸性（pH 5.5～6）的砂壤土上生长最好。

2.观赏应用

樱花花色有白色和淡红色，平时绿荫如盖，花期为 4～5 月份，盛开之际，满树繁花，一片灿烂，令人陶醉，具有极高的观赏价值，深受人们喜爱。樱花既可地栽，也可盆栽，适宜于绿化公园、街头和庭院。在园林绿地内，最适合列植于园路两旁，或以常绿树、建筑物为背景进行孤植，或者以几株丛植于草地、溪旁湖边。

3.地栽樱花安全高效施肥

（1）栽植基肥　樱花是浅根性树种，栽植时树穴要比一般树种

图 1-11　樱花

大些，以利于根系的伸展。在穴土内宜加入骨粉和腐熟的有机肥（鸡粪、堆肥），与土掺拌匀和，以改善土壤的通透性，增强土壤肥力。一般每株施生物有机肥 5～10 千克，或商品有机肥 15～20 千克，或无害化处理过的厩肥 40～50 千克，或无害化处理过的堆肥 50～60 千克，并配施腐殖酸型过磷酸钙 0.5～1 千克或骨粉 5～10 千克。樱花起苗时应多带根，挖掘成年树时必须带护心土（土坨），栽植时不宜深栽。

（2）常年施肥管理　樱花的常年施肥管理比较简单，除为保持土壤疏松和湿润进行必要的松土、除草和浇水外，成年树还应每年或隔年秋季（10～11 月份）施 1 次有机肥。一般每株施生物有机肥 10～15 千克，或商品有机肥 20～25 千克，或无害化处理过的厩肥 40～50 千克，或无害化处理过的堆肥 50～60 千克，并配施腐殖酸型高效缓释复混肥（18-8-4）0.5～1 千克。施肥方法是在树的周围开宽、深分别为 30～40 厘米的沟，倒入肥料并同土壤拌和好，随即浇 1 次大水。

樱花一般不需要修剪，然而在苗期要注意养好良好的骨架，也就是要注意主干和主枝的培养。首先确定主干的高度，主干的高度根据不同的栽植目的确定，一般可留 1～2.5 米高截去主干顶端；然后在主干上选留 3～5 个萌芽培养主枝，选留萌芽要求位置紧凑，生长匀称，朝向适宜。以后在主干基部以及主干上萌出的新芽，要随时抹去。

（3）叶面追肥　发现叶发黄或生长不良时，应及时叶面喷施 0.2%磷酸二氢钾溶液，适当配合叶面喷施 500～1000 倍含腐殖酸水溶肥料，或 500～1000 倍含氨基酸水溶肥料，或 500 倍高活性有机酸叶面肥。

十二、蜡梅

蜡梅别名黄梅、香梅、蜡木、干枝梅、香木，原产于我国中部的秦岭、大巴山区，现北京以南地区普遍栽植。河南省鄢陵县是我国腊梅苗木生产的传统中心。

1. 生长习性

蜡梅（图 1-12）为蜡梅科蜡梅属落叶灌木。蜡梅喜光，耐阴，较耐寒，耐旱性极强，有"旱不死的蜡梅"之说。蜡梅喜疏松、深厚、排水良好的中性或微酸性砂质土壤，忌黏土及碱土。

2. 观赏应用

蜡梅在严冬中冲寒吐秀，且芬芳远溢，可怒放于公园，溢香于庭院，温馨于雅室，浓香驱严寒，春意盎然，是我国特有的珍贵观赏花木。一般以孤植、对植、丛植、群植配置于园林与建筑物的入口处和厅前、亭周、窗前屋后、墙隅及草坪、水畔、路边等处，还可以用于盆栽。

3. 盆栽蜡梅安全高效施肥

（1）盆栽营养土配制　盆土用 20%园土、20%厩肥、30%沙土和 30%腐殖土（或泥炭土）混合配制而成。

图 1-12 蜡梅

（2）上盆 8 月中下旬将已经生根的压条植株剪下上盆。瓦盆的大小根据植株苗的大小选用。以 40～50 厘米株行距把盆栽蜡梅埋入光照充足并避风的植床内，盆口要高出地面以便于浇水施肥。品种不同、大小不同、长势不同、生根情况不同的植株苗应分类、分区摆放，区别栽培管理，并要根据气候情况遮阳喷水，增加湿度，确保盆栽苗成活。

（3）浇水与施肥 蜡梅喜肥，喜湿润，怕水涝。刚入盆的蜡梅要浇一次透水，以后浇水就要"见干见湿""盆土不干不浇""浇则浇透"。春夏季是蜡梅抽枝生长的旺季，要供给充足的水分。冬季浇水要适量，避免水多造成落蕾落花。植株发芽后要追施一次复合肥，每盆可施腐殖酸涂层缓释肥（15-10-15）3～5 克，以后每 2～3 天浇施稀薄饼液肥一次；6 月中旬追施磷酸二氢钾一次，以促进花芽分化，可叶面喷施 0.2% 磷酸二氢钾溶液，或用 0.1% 磷酸二氢钾溶液浇根；7～8 月份盛夏高温，蜡梅生长减慢，应停止施肥；

入秋后每5～7天可用500～1000倍含腐殖酸水溶肥料或含氨基酸水溶肥料溶液、0.1%尿素混合液浇施，或用无害化处理过的充分腐熟的鸡粪、发酵豆饼或花生饼按1：50兑水浇施，以促进花蕾充实；冬季应停止施肥。

十三、白玉兰

白玉兰别名玉兰、应春花，原产于印度尼西亚，现广植于东南亚，我国福建、广东、广西、云南等省（区）栽培极盛，长江流域、黄河以南各省（区）也有大量栽培，世界各地庭园常见栽培。

1. 生长习性

白玉兰（图1-13）为木兰科木兰属落叶乔木，同属品种及变种较多，如二乔玉兰、紫玉兰、望春兰等。白玉兰喜温暖，较耐寒。根为肉质根，不耐涝，耐干旱，较耐盐碱。在pH 6～6.5、排水良好的酸性砂壤土上生长最好。栽植白玉兰宜选择土壤疏松、肥沃、地势高燥，排水良好的地方；在北方露地栽培，还要选择避风向阳

图1-13　白玉兰

的地方。白玉兰喜微酸性或中性的土壤。

2.观赏应用

白玉兰青翠碧绿，四季常青，花朵洁白如玉，秀丽高雅，花大似莲，芳香似兰，清香四溢，炎夏常给人以凉爽清新的感觉，是我国的名贵花木、古典园林的优良树种，也是绿化美化公园、街头、庭院、纪念场所、大型建筑、草地常绿树的佳木。可孤植、群植。

3.地栽白玉兰安全高效施肥

（1）栽植基肥　白玉兰宜在休眠期进行栽植。南方可在秋季落叶后开始，中间要避开严寒低温阶段；北方则应在春季土地解冻之后开始。栽植地宜深翻，穴底施以腐熟的厩肥和骨粉。一般中、小苗木，每株施生物有机肥 5～10 千克，或商品有机肥 10～15 千克，或无害化处理过的厩肥 30～40 千克，或无害化处理过的堆肥 40～50 千克，并配施腐殖酸型过磷酸钙 0.5～1 千克；大型苗木，每株施生物有机肥 20～30 千克，或商品有机肥 30～40 千克，或无害化处理过的厩肥 60～80 千克，或无害化处理过的堆肥 100～120 千克，并配施腐殖酸型过磷酸钙 1～2 千克。基肥上覆盖薄土一层，然后放入白玉兰，根系舒展、深浅合适时填入表土，分层踩紧，浇透水后封穴培土。因其肉质根愈合能力差，且易因受伤而腐烂，栽植白玉兰要注意保护根系。在大苗移植时，最好采用带土坨移植。栽植成活后的管理是"春防旱，夏防涝，秋忌湿，冬防寒"。

（2）常年施肥管理　白玉兰的施肥，以增加土壤腐殖质、提高其肥力为主，辅以追肥。

①越冬施基肥　每年越冬浇冻水前，开沟施以腐熟的有机肥（厩肥、堆肥或土杂肥），要与土壤拌和好。一般成年树每年 11～12 月份每株施生物有机肥 15～20 千克，或商品有机肥 20～25 千克，或无害化处理过的厩肥 50～70 千克，或无害化处理过的土杂肥 80～120 千克，并配施氮磷钾复合肥（5-20-26）0.5～1 千克。中、小苗木施肥量可适当减少。

②生长期中施肥　初春开花前，可用 1%～2% 腐殖酸型过磷

酸钙浇根冲施，有利于花苞增大。在5月下旬到6月中旬，可用5‰～8‰腐熟的人粪尿、1∶20倍饼肥水进行浇根，以促进新叶生长和花芽分化。

③ 冬季防寒 黄河流域以北地区露地栽植白玉兰，越冬需要采取适当防寒措施。幼树的防寒，应结合初冬肥水管理，在施有机肥和浇冻水后，主干用草绳或草蒿包扎，而后在根际培土，培土高度在35～45厘米。培土在翌年早春扒开，而主干的包扎材料可在5月份以后解除。

④ 叶面追肥 可在4月份谢花后，叶面喷施500～1000倍含腐殖酸水溶肥料或500～1000倍含氨基酸水溶肥料或500倍高活性有机酸叶面肥，并同时喷施600～800倍复合微量元素水溶肥料。

十四、海棠

海棠又名海棠花，原产于我国，主要分布在河北、山东、陕西、江苏、浙江、云南等省，目前全国各地均有栽培。海棠品种比较多，主要有贴梗海棠、木瓜海棠、垂丝海棠、西府海棠，常称为"海棠四品"。

1. 生长习性

海棠（图1-14）为蔷薇科苹果属或木瓜属落叶小乔木。海棠喜

图1-14 海棠

温暖湿润，较耐寒、耐旱，忌水涝，在土层深厚的缓坡地上生长良好。海棠喜肥沃的砂壤土，耐轻度的碱性土。露地栽植海棠，宜选择阳光充足、土壤肥沃、土层深厚、排水良好的地方。

2.观赏应用

海棠为我国传统名花，叶茂花艳，婀娜含娇，有"花中神仙"的美誉，一直为世人喜爱。"四海应无蜀海棠，一时开处一城乡"，阳春三月，一树千花，共占春风。海棠既可地栽、盆栽，也可栽植于公园、庭院、阳台等。

3.施肥配方

张彦惠等（2013）对盆栽四季海棠进行施肥配比研究，建议氮磷钾配比以 2∶1∶4 为最优施肥配方。

卢俊芳等（2014）对盆栽海棠进行叶面施肥研究，在现蕾期喷施 0.2% 过磷酸钙、0.2% 硫酸钾有利于加深花色。

4.地栽海棠安全高效施肥

（1）栽植基肥 海棠的栽植，春、秋季均宜，主要应在休眠期间进行。栽植时，穴底应施放基肥，可用腐熟的厩肥和骨粉作基肥。一般每株施生物有机肥 10～15 千克，或商品有机肥 15～20 千克，或无害化处理过的厩肥 30～40 千克，或无害化处理过的堆肥 40～50 千克，并配施腐殖酸型过磷酸钙 0.2～0.3 千克或骨粉 1～2 千克。在基肥上，必须覆一层土后才能把苗放入栽植。栽植后浇透水并注意培土保摘，土壤发干时要及时浇水。

（2）常年肥水管理 海棠的适应能力较强，日常管理不太费事。露地栽植的一般不用浇水。华北地区春末夏初常处在雨水稀少的干旱时期，应在 5～6 月份浇水 1～2 次。每次浇水必须用大水浇透，如果水量不足反而会使植株的须根上移，久而久之则降低其抗旱的能力。

施肥可在秋季将落叶时进行，每年或隔年施 1 次有机肥。一般每株施生物有机肥 10～15 千克，或商品有机肥 15～20 千克，或无害化处理过的厩肥 30～40 千克，或无害化处理过的堆肥 40～50 千克。方法是将腐熟的厩肥或堆肥撒于树干周围，然后进行中耕，使肥料均匀地拌入土中。越冬前再浇1次冻水，这样有利于肥料缓慢分解，便于翌年初春植株萌动时吸收利用。

如果植株生长表现出叶薄色淡、枝条细弱等缺肥现象，在生长期间可施速效肥1次。追肥除了稀人粪尿、饼肥水等有机肥外，也可采用硫酸铵等化肥。追肥宜在6～7月进行，可用5%～8%腐熟的人粪尿，或1:20倍饼肥水，或0.2%硫酸铵溶液进行浇根。

（3）叶面追肥　可在春季长出新叶后至开花前，叶面喷施500～1000倍含腐殖酸水溶肥料或500～1000倍含氨基酸水溶肥料或500倍高活性有机酸叶面肥，同时喷施600～800倍复合微量元素水溶肥料，并在花期喷施500倍活力钾或生物钾叶面肥。

5.盆栽海棠安全高效施肥

（1）栽植基肥　栽植时，盆底都应施放基肥。可用腐熟的厩肥、骨粉作基肥，也可用饼粉或蹄角片作基肥。在基肥上，必须覆一层土后才能把苗放入栽植。一般每盆施生物有机肥0.5～1千克，或商品有机肥1～1.5千克，或无害化处理过的厩肥2～2.5千克，或无害化处理过的堆肥2.5～3千克，并配施骨粉0.1～0.2千克。

（2）日常肥水管理　盆栽海棠由于根系受盆的限制，盆土内肥水都很有限，所以管理工作不能忽视。浇水可视天气和植株生长情况，生长期间每天浇1～2次；休眠期每隔7～10天浇1次。肥料的补充，除换盆时施好基肥外，每年还应施追肥2次：一次在秋末落叶前，肥料可施得浓些；一次在夏至（6月份），肥料忌浓宜淡。一般每次可用2%～3%腐熟的生物有机肥液肥，或1:20倍饼肥水，或500～1000倍含腐殖酸水溶肥料，或500～1000倍含氨基酸水溶肥料，或500倍高活性有机酸叶面肥液进行浇根。

土壤中肥水过多会造成生长过旺，如果其他措施跟不上，则植株枝叶茂盛而春花稀少。所以肥水的供应要根据植株生长情况，适当地加以控制。

（3）叶面追肥　可在春季长出新叶后至开花前，叶面喷施500～1000倍含腐殖酸水溶肥料或500～1000倍含氨基酸水溶肥料或500

倍高活性有机酸叶面肥，同时喷施 600～800 倍复合微量元素水溶肥料，并在花期喷施 500 倍活力钾或生物钾叶面肥。

十五、白兰花

白兰花也称白兰、缅桂花、把儿兰，原产于印度尼西亚、菲律宾、马来半岛等地，我国云南、广东、广西、福建、江苏、浙江等地均有栽培。

1.生长习性

白兰花（图 1-15）为木兰科含笑属常绿乔木。白兰花性喜温暖、湿润，不耐寒和干旱，喜光不耐阴。白兰花喜疏松、肥沃、排水良好的偏酸性土壤。

图 1-15　白兰花

2.观赏应用

白兰花花色有白色和黄色两种。白兰花树高叶大，形体挺拔，四季常青，苍翠欲滴，夏荫浓郁，花色洁白，芳香清雅，花期长达数月，每到炎热的季节，暑气蒸人，采其含苞待放的花蕾放在袋内，或贮于编制的篓笼，或用金属穿插组成花环佩带，白兰花散发出的馥郁香气，常给人以清新凉爽之感，令人怡情悦意，深受人们喜爱。南方可露地庭院栽培，可作行道树和庭院绿化；北方可作盆栽，可布置于庭院、厅堂、会议室。

3.盆栽白兰花安全高效施肥

（1）盆栽营养土配制 白兰花根肉质，要求土壤富含养分、排水通气、呈微酸性，最忌积水，盆土配制时可就地取材，以腐叶土或山泥为主要材料，加以适量有机肥、沙等配制出肥沃、排水通气性能良好、pH 值略小于 7 的营养土以备用。常见的配制比例如下：一是沙 2 份、干青苔 2 份、园土 3 份、干牛粪 1 份、腐殖土 2 份；二是山泥 5 份、腐殖土 3 份、干青苔 1 份、沙 1 份；三是园土 4 份，泥炭土、堆肥土各 3 份。

（2）上盆与换盆 白兰花上盆、换盆应在清明出房后进行，视树选盆，初上盆可用 40 厘米口径的盆，最后可用缸或高木桶。一般每 2 年换一次盆，盆逐年加大，大树长到约 2.5 米高时，只换土不换盆。上盆时，先将盆底排水孔盖上瓦片，垫上一层石砾、粗煤渣等，以利通气排水，再填营养土，营养土应盖没白兰花根颈，表土与盆口相距 3～4 厘米，浇透水，并支撑固定，防风吹倒，遮阴。在此期间，保持盆土湿润，不可多浇水，以免烂根。外地引进的白兰花苗，应稍事修剪，立即上盆，尽量保持根系的原土；换盆前一天浇水于盆周围，以利盆土脱离原盆，亦可将盆边泥土挖空一周，带原盆土将白兰花植株取出，剪去部分老根、腐烂根、伤残根，再带原土球移入稍大盆中，大盆事先也应在盆底排水孔上放瓦片、粗煤渣等，新营养土应置于原土球四周，浇水后，遮阴并支撑固定，防风吹倒。

（3）生长期施肥 白兰花叶大花勤，需肥多。白兰花出房后，即施催花肥，花期合理施肥，可达到花多、花饱满、香气浓郁的目的。可多用饼肥，方法是以饼肥粉末 2 份、米糠 2 份加水 4 份，密闭发酵，经 1～2 月腐熟后，取其上部汁液，稀释后可用。通常出房后 7～10 天，施稀薄肥水一次；盛花期即 6～7 月份、9～10 月份，在两次盛花期之前各施一次饼肥，所用饼肥在施前 10 天用水浸泡发酵，施肥时在距树干稍远处挖坑将饼肥埋入或直接将饼肥放在盆土上，施肥量视树大小和天气而定，一般大树一次用 1 千克干饼肥，小树递减；梅雨季应少施或淡施，以防烂根落花。

如叶片有失绿症状，可用 0.6％硫酸亚铁进行叶面喷施，连续三次，一周后叶片可转绿。

（4）水分管理　白兰花春、夏、早秋季生长量大，根肉质，叶喜洁净，忌缺水也忌积水，忌烟尘，水分管理是关键。浇水时应浇透；春、秋季一天一次，夏季早、晚各一次；炎热季节可向树冠洒水，以保持湿度和叶片洁净；梅雨季可少浇；采花后减少浇水，有利于下批花芽分化；雨水多或暴雨后，应注意及时排水，以防积水烂根。

十六、含笑

含笑又名含笑梅，有大花含笑和小花含笑两个品种，原产于广东、福建等省，现长江流域、华东地区多有栽培。

1. 生长习性

含笑（图 1-16）为木兰科含笑属常绿灌木。含笑喜温暖、湿润又通风的环境，不耐干燥、暴晒和寒冷，怕盐碱。含笑喜疏松、肥沃的偏酸性土壤，要求排水良好，忌积水。

图 1-16　含笑

2. 观赏应用

含笑花色淡黄色，具有浓郁香蕉香味；四季常青，苍翠浓绿；开花时花冠半开微吐，下垂或翘首，似少女抿嘴微笑。因其幽香宜人，故有"菖蒲节序荇荷时，翠羽衣裳白玉肌。暗折花房须日暮，遥将香气报人知"的美誉。含笑在华南、西南各省露地栽植，在长江流域则宜选择向阳避风处，或在寒冬包草防寒；在园林中宜与乔木配置组成树丛，或布置在园亭等建筑物周围；在北方地区用作盆栽观赏。

3. 施肥配方

田晓明等（2015）对墨紫含笑施肥进行研究，表明每株施尿素5克、过磷酸钙4克、氧化钾2.5克为最优施肥配方。

4. 盆栽含笑安全高效施肥

（1）盆栽营养土配制　含笑喜排水良好、土层深厚的微酸性土壤。盆土要用腐叶土3份、园土3份、腐熟的肥土2份、细砂2份混合均匀而成，可使盆土疏松、肥沃，有利于含笑生长。

含笑的根是肉质根，盆土要求通透性好，这样才有利于根系的生长，土质黏重和积水容易造成根系窒息。在上盆时，盆底应铺一层1.0～2.5厘米的粗砂或小石子，然后再填入调制好的盆土，放入植株后，加土压实，浇透水，放在避风半阴处。

（2）浇水　华北地区水一般为碱性，浇含笑的水应为微酸性，因此应将水酸化处理后再浇。方法是在水中加少量食醋或硫酸亚铁，pH值为弱酸性后即可使用。冬季可少浇水，不干不浇，保持空气润泽；夏季每天上午浇水，主要保持周围环境湿润及满足叶面需水，下午浇稀薄腐熟的矾肥水。

（3）施肥　含笑喜肥，多用腐熟的饼肥、骨粉、鸡鸭粪及鱼肚肠等沤肥掺水施用，可按1：（20～50）的肥水比例施用。在生长季节4～9月份每隔15天左右施肥1次，可用硫酸亚铁、粪干、饼肥和水按1：3：5：100的比例配制，经充分发酵后变成的黑绿色液体浇根。开花期和10月份以后停止施肥。如发现叶色不鲜明浓绿，可施一次淡的矾肥水。萌芽前施饼肥及磷、钾肥以促花繁叶茂。

（4）花期控制　若想提前开花，可于冬季催花。花蕾膨大初期，将含笑置于15℃温室内培养。也可在需花前50天左右，摘除嫩梢，用0.5～1克/升的赤霉素点涂腋生花蕾，2天1次，渐渐转为1天1次，待花蕾膨大正常生长时即停止，花蕾迅速生长，则能按所需要的时间开花。

十七、木芙蓉

木芙蓉又名芙蓉花、木莲，原产于我国西南部，我国辽宁、河北、山东、陕西、安徽、江苏、浙江、江西、福建、台湾、广东、广西、湖南、湖北、四川、贵州和云南等省（区）多栽培，成都最盛，故成都又称"蓉城"。近年来木芙蓉在长江流域发展较快，生长良好。

1. 生长习性

木芙蓉（图1-17）为锦葵科木槿属落叶小灌木或小乔木。木芙蓉性喜温暖、湿润，不耐寒，对土壤要求不严，在土质疏松、排水良好的壤土上生长良好。木芙蓉是浅根性树种，适宜栽植在比较湿润的土壤上。

图1-17　木芙蓉

2.观赏应用

木芙蓉花形硕大，花色艳丽，且有"日变三色"的特点，即晨为粉、昼为浅红、暮为深红，有"醉芙蓉"之称。宋代文学家陆游在《拒霜》一诗中对此有着这样的描述："满庭黄叶舞西风，天地方收肃杀功。何事独蒙青女力，墙头催放数苞红。"该诗将木芙蓉在秋风扫落残叶之时，不畏寒霜开放得风姿描绘得淋漓尽致。木芙蓉既可地栽，也可盆栽。

3.地栽木芙蓉安全高效施肥

（1）栽植基肥　木芙蓉的栽植，宜在3月中旬以后进行。栽植穴宜大，穴底先施入有机肥（堆肥、厩肥）作基肥，肥料与掺土拌和后再放植株。一般每株施生物有机肥5～8千克，或商品有机肥10～15千克，或无害化处理过的厩肥20～30千克，或无害化处理过的堆肥30～40千克，并配施腐殖酸型过磷酸钙0.1～0.2千克或骨粉1～2千克。在土壤干燥的地段和雨水较少的地区，栽植时宜稍深，栽后要充分浇水。对新栽的植株，在其发芽长叶后，应根据土壤干湿情况适时浇水，满足植株对水分的需要。

（2）日常施肥管理　木芙蓉生长十分茂盛，一般管理比较粗放。在栽植时施足基肥后，2～3年内可以不补充肥料。

待过2～3年后，每年或隔年在冬季培土越冬时，可覆盖一些有机肥，以提高土壤肥力；或在雨季开始时，在植株周围施些复合化肥，满足其生长需要。一般每株施生物有机肥10～15千克，或商品有机肥15～20千克，或无害化处理过的厩肥30～50千克，或无害化处理过的堆肥50～70千克，并配施氮磷钾复合肥（5-20-26）0.5～1千克。

（3）培土防寒　初冬经霜后，木芙蓉叶片开始萎蔫凋落，此时可齐地面剪去枝干，然后在株丛上培土防寒。培土的厚度，可以根据当地冬季寒冷的程度而定，一般以25～40厘米为宜，寒冷的地方，培土的范围应大些，以保证大部分根系不受冻害，安全越冬。

（4）叶面追肥　可在栽植后20天或开花前1个月，叶面喷施

500～1000 倍含腐殖酸水溶肥料或 500～1000 倍含氨基酸水溶肥料或 500 倍高活性有机酸叶面肥，并在花期喷施 500 倍活力钾或生物钾叶面肥。

4.盆栽木芙蓉安全高效施肥

（1）盆栽营养土配制　盆栽木芙蓉宜用大盆。盆土可用园土 7 份、堆肥 3 份配制。盆栽时宜浅栽，栽好后放置在阳光充足的地方，保持盆土湿润。发芽后留壮芽 4～6 个，待其长到 30 厘米后，留基部 2～3 片叶子剪去枝梢，促使分枝，养成花枝。

（2）施肥管理　在生长期中，除常规的浇水、除草等管理外，在雨季来临时可施 1 次追肥，以满足其花芽分化的需要。可用硫酸亚铁、粪干、饼肥和水按 1：3：5：100 的比例配制，经充分发酵后变成的黑绿色液体浇根。

（3）叶面喷施　可在开花前 1 个月，叶面喷施 500～1000 倍含腐殖酸水溶肥料或 500～1000 倍含氨基酸水溶肥料或 500 倍高活性有机酸叶面肥，并在花期喷施 500 倍活力钾或生物钾叶面肥。

（4）越冬管理　盆栽木芙蓉在花谢后，剪去离盆土表面 5 厘米的所有枝干，然后堆放在室内越冬。整个冬季要防止盆土过干以致根系受干而失去生命力。越冬期间应浇水 3～4 次。翌年春暖后（3 月下旬）搬出室外进行倒盆或换盆。倒盆时倒出植株，抖去边土保留心土，然后栽回原盆中，填充新的盆土，以后进行一般的管理即可。

十八、瑞香

瑞香又称睡香、蓬莱紫、风流树、毛瑞香、千里香、山梦花，是我国传统名花之一。原产于我国，在江西、湖北、湖南、浙江、四川、重庆等地都有栽培。

1.生长习性

瑞香（图 1-18）为瑞香科瑞香属常绿灌木，喜温暖的环境，惧烈日，喜阴，畏寒冷。瑞香喜疏松肥沃、排水良好的酸性土壤

（pH 值 6～6.5），忌碱性土。

图 1-18 瑞香

2. 观赏应用

瑞香与长春和尚君子兰、日本五针松被称为"园艺三宝"，独具"金边翠叶，花色美观，花期持久，香味浓郁"四大特色。瑞香树姿优美，树冠圆形，条柔叶厚，枝干婆娑，花繁馨香，寓意祥瑞，观赏以早春二月开花期为佳。古代诗词中有颇多赞咏之词，宋代诗人王十朋有《瑞香花》诗曰："真是花中瑞，本朝名始闻"。宋《清异录》载："庐山瑞香花，始缘一比丘，昼寝磐石上，梦中闻花香酷烈，及觉求得之，因名睡香。四方奇之，谓为花中祥瑞，遂名瑞香。"瑞香最适于林下路边、林间空地、庭院、假山岩石的阴面等处配植，也可作盆栽。

3. 盆栽瑞香安全高效施肥

（1）盆栽营养土配制 盆栽时要选用山地含腐殖质多的酸性砂壤土。自行调制盆土时，可按园土 3 份、腐叶土 3 份、泥炭土 2 份、堆肥土和沙各 1 份配制；也可用腐叶土 2 份、塘泥 6 份、河沙 2 份配制；或用腐叶土、泥炭、腐熟饼肥，加适量河沙拌匀使用。

（2）上盆施基肥 扦插生根后的小苗，要用小盆上盆进行栽培；实生大苗，可选用大盆上盆进行栽培。在盆底垫少量碎石、小土块，然后在盆内装上 2/3 的营养土，并适当添加腐熟饼肥粪 10～20 克、腐殖酸型过磷酸钙 3～5 克（根据盆的大小和扦插苗或实生苗确定）。将苗放到盆中央，再在苗周加营养土，将盆填到八成满即可。上好盆后，及时将盆摆放到遮雨棚中。在放置瑞香的盆时，不要直接放在地上，要在盆下用空盆或其他材料垫底抬高，以利于排水。

（3）日常施肥管理　瑞香不耐浓肥，上盆时以腐熟饼肥加过磷酸钙作基肥，基本上可以满足其生长阶段的需要。

追肥主要在营养生长期和花芽分化期进行，时间为春季和秋季，夏、冬季停止根际施肥。施肥以液肥为好，可用 500～1000 倍含腐殖酸水溶肥料或 500～1000 倍含氨基酸水溶肥料或 500 倍高活性有机酸叶面肥液；或以饼肥粉末 2 份、米糠 2 份加水 4 份密闭发酵，经 1～2 个月腐熟后，取其上部汁液，稀释后可用；或用无害化处理过的充分腐熟的鸡粪、发酵豆饼或花生饼按 1∶50 兑水浇施。采取"薄肥勤施，少食多餐"的施肥原则，施肥后 12～24 小时内浇一次清水。

施肥时，可根据盆苗的大小进行施肥，当年生小苗上盆后 10～15 天就可以开始施肥，以后每隔 1～2 周施肥一次，直到 11 月中下旬小苗进入休眠期为止。二年生以上商品苗施肥，一般只需在长春梢或 4 月上旬长完春梢后打顶，让其萌发侧芽，长一季夏梢，不需要长秋梢，因此，此类苗一般在早春至 5 月下旬每隔 10～15 天施肥一次。

初夏开始，盆栽的瑞香就应搬到树荫下或荫棚里，避免强光照射。此外，在放置瑞香的盆时，不要直接放在地上，要在盆下用空盆或其他材料垫底抬高。

（4）叶面追肥　瑞香秋季后再喷施 2～3 次 0.2％磷酸二氢钾叶面肥；或叶面喷施 500～1000 倍含腐殖酸水溶肥料或 500～1000 倍含氨基酸水溶肥料或 500 倍高活性有机酸叶面肥，并在花期喷施 500 倍活力钾或生物钾叶面肥。

4.地栽瑞香安全高效施肥

（1）栽植基肥　地栽瑞香宜在春季植株萌芽之前进行。瑞香虽然扦插也能成活，但是在栽植时要注意保护好其根群。栽植时穴底先施入有机肥（堆肥、厩肥）作基肥，肥料与掺土拌和后再放植株。一般每株施生物有机肥 5～8 千克，或商品有机肥 10～15 千克，或无害化处理过的厩肥 20～30 千克，或无害化处理过的堆肥 30～40 千克，并配施腐殖酸型过磷酸钙 0.1～0.2 千克或骨粉 1～2 千克。

（2）日常施肥管理　露地栽培的栽植后的管理可以粗放些。天气过旱时才用浇水；越冬前在株丛周围施些腐熟厩肥、饼肥。一般每株施生物有机肥 3～5 千克，或商品有机肥 5～10 千克，或无害化处理过的厩肥 15～20 千克，或无害化处理过的堆肥 20～25 千克。

（3）叶面追肥　瑞香春、秋季喷施 2～3 次 0.2% 磷酸二氢钾叶面肥；或叶面喷施 500～1000 倍含腐殖酸水溶肥料或 500～1000 倍含氨基酸水溶肥料或 500 倍高活性有机酸叶面肥，并在花期喷施 500 倍活力钾或生物钾叶面肥。

十九、榆叶梅

榆叶梅别名榆梅、小桃红、榆叶鸾枝，原产于我国，现主要分布在我国东北、华北地区，长江流域也有栽培。

1. 生长习性

榆叶梅（图 1-19）为蔷薇科桃属落叶灌木或小乔木。榆叶梅是对土壤要求不严的树种，但它在疏松、肥沃的砂壤土里，生长与发育表现最好。

2. 观赏应用

榆叶梅是北方庭园里常见的花木之一，花色有粉红色和紫红色，生长强健，冠丛整齐；枝条红褐色，叶茂花繁；春刚来临，先叶吐芳；满枝花朵，摇曳生姿；或红或粉，丽若云霞；远看像一墩花球，红的如火一般明亮艳丽；粉的却显得文静幽雅。如果在它的后面衬以青翠碧绿的常青树，则更加璀璨夺目。单瓣品种花后还能结果，果虽不大但嫣然宜人，鲜红的果实挂满枝头，也能供人欣赏。

榆叶梅在庭园里可三五成丛栽植于草地、角隅，或列植于房前路旁，也宜点植于窗前墙角。榆叶梅除了适宜布置庭园绿地外，也是人们喜爱的盆栽、桩景材料。此外，它还可以用作切枝催花，供应节日用花。

图 1-19　榆叶梅

3.地栽榆叶梅安全高效施肥

（1）栽植基肥　栽植宜在秋季植株落叶时进行。栽植穴底应施以腐熟的厩肥或堆肥作基肥。榆叶梅喜肥，定植时可用少量腐熟的牛、马粪作为基肥。一般每丛施生物有机肥 5～8 千克，或商品有机肥 10～15 千克，或无害化处理过的厩肥 20～30 千克，或无害化处理过的堆肥 30～40 千克，并配施腐殖酸型过磷酸钙 0.5～1 千克或骨粉 2～5 千克。栽植时将株丛内的枝条疏去 1/4～1/3，这样不仅可以提高成活率，还为植株正常生长创造了较好的条件。

（2）日常施肥管理 从第 2 年进入正常管理后，可于每年春季花落后、夏季花芽分化期、入冬前采取环状沟施肥法各施 1 次肥，并及时浇水。

榆叶梅在早春开花、展叶后，消耗了大量养分，此时对其进行追肥，可使植株生长旺盛、枝繁叶茂。可用饼肥粉末 2 份、米糠 2 份，加水 4 份密闭发酵，经 1～2 个月腐熟后，取其上部汁液，稀释后可用；或用无害化处理过的充分腐熟的鸡粪、发酵豆饼或花生饼按 1∶50 兑水浇施。

6～9 月份为花芽分化期，应适量施入一些磷、钾肥，有利于花芽分化和当年新生枝条充分木质化。一般每丛施氮磷钾复合肥（5-20-26）0.5～1 千克。

入冬前结合浇冻水进行施肥，不但可以有效提高地温、增强土壤的通透性，而且能在翌年初春及时供给植株需要的养分。一般每丛施生物有机肥 5～8 千克，或商品有机肥 10～15 千克，或无害化处理过的厩肥 20～30 千克，或无害化处理过的堆肥 30～40 千克，并配施腐殖酸型过磷酸钙 0.3～0.5 千克。

（3）水分管理 榆叶梅喜湿润环境，但也较耐干旱。在栽植时应浇好定根水，保证苗木成活。在进入正常管理后，要注意浇好 3 次水，即早春的返青水、仲春的生长水、初冬的封冻水，要浇足、浇透，保证苗木正常生长。榆叶梅怕涝，在夏季雨天应及时排去积水，以防烂根而导致植株死亡。

二十、三角花

三角花别名叶子花、九重葛、毛宝巾、三角梅、三叶梅、簕杜鹃，原产于巴西，目前我国各地均有栽培。常见栽培种有美丽三角花、洋红三角花、红叶三角花。

1. 生长习性

三角花（图 1-20）为紫茉莉科叶子花属常绿藤本状灌木或小灌木。三角花生长强健、萌芽力强、耐修剪，喜温暖、湿润、光照充足且空气清新流通的环境，不耐寒，对土壤要求不严，忌积水，以疏松、肥沃、排水良好、富含有机质的砂壤土最为适宜。

2. 观赏应用

三角花有鲜红色，也有白色、砖红色和橙色。花苞片大，色彩鲜艳如花，且持续时间长，宜庭园种植或盆栽观赏，还可作盆景、绿篱及修剪造型，观赏价值很高。根据不同的地形，彩化形式多样，可孤植、列植、丛植、片植。在公园、小游园彩化中，三角花开花时呈现出美丽的彩色大景观，非常吸引人。在街道分隔带彩化中，三角花运用较多，分隔带景观以运动观赏为主，形成一定的韵律感，开花时一丛丛、一簇簇，景观极美，为街景添色不少。道路外绿地用三角花彩化效果极佳，彩化形式以片植为主，开花时形成艳丽的大色块景观。三角花为常绿攀缘状灌木，种植于围墙、屋顶、阳台、花架，可任其倚栏攀缘或垂挂，自然优美。

图 1-20　三角花

3. 地栽三角花安全高效施肥

（1）栽植基肥　若为行道树，与其他成乔木等间距 8～10 米栽植一株；若为篱，等间距 0.5～1 米栽植一株；若在庭院角落或花坛等为独树。栽培方法：挖坑 60 厘米×60 厘米×60 厘米，回填 10～15 厘米熟土、10 厘米腐熟圈粪或堆肥或土杂肥，再填 10 厘米熟土；入苗后轻轻取出营养钵，将苗平直入坑，回填熟土与坑口平齐，踏实；浇透定根水；再回填熟土过坑口 5～10 厘米且成圆凸形。移植大龄苗，可搭支架协助固定。

（2）日常施肥管理　1 月份，三角花经过修剪后，每株施生物有机肥 0.10～0.15 千克或腐熟猪圈粪及牛圈粪 0.15～0.20 千克或腐熟堆肥 0.20～0.25 千克，结合松土混入到土壤中。

3 月份，三角花开始进入花芽分化和叶变异时期，期间每株穴施或沟施腐殖酸型高效缓释复混肥（15-10-15）约 0.1 千克。

5～8 月份的主要开花期内，减少氮肥的供给，主施磷、钾肥，每株每次穴施或沟施氮磷钾复合肥（5-20-26）约 0.1 千克，或每月喷施两次 0.5% 的磷酸二氢钾，可以达到延长三角花开花时间的目的。

进入 9 月中旬，三角花枝叶已过生长旺盛期，为平衡三角花的养分供应，再补施 1 次氮磷钾复合肥（15-15-15），每株约 0.1 千克，结合松土深翻入土中，提供植株充足的营养，可以使三角花花期延长到 12 月底。

（3）水分管理　在三角花将要进入花芽分化期时，减少水分供给，可以每周或隔更长时间浇水 1 次，以促进花芽分化和叶变异，使其提前开花。在三角花开花期则要保证充足的水分供应，从而延长每一茬开花的时间，尤其是在 8、9 月间，天气干燥炎热，要加强淋水，视天气情况每隔 1 天淋水 1 次，并及时松土，使水分能渗透到根系中去，利于吸收，提高产花量。

4. 盆栽三角花安全高效施肥

（1）盆栽营养土配制　盆栽三角花常用 15～18 厘米盆，每盆可栽 3 株扦插苗。土壤以肥沃、疏松和排水良好的砂壤土最为适宜，盆栽可用腐叶土、园土和粗砂混合的基质，以鸡粪或蹄角片作基肥效果较好。

（2）肥水管理　三角花对水分的需要量较大，特别是在盛夏季节，水分供应不足，易产生落叶现象，直接影响植株正常生长或延迟开花。夏季和花期浇水应及时，花后浇水可适当减少。如土壤过湿，会引起根部腐烂。

在生长期内每 10～15 天追施液肥 1 次，可用 500～1000 倍含腐殖酸水溶肥料或 500～1000 倍含氨基酸水溶肥料或 500 倍高活性有机酸叶面肥液；或以饼肥粉末 2 份、米糠 2 份，加水 4 份密闭发酵，经 1～2 个月腐熟后，取其上部汁液，稀释后可用；或用无害化处理过的充分腐熟的鸡粪、发酵豆饼或花生饼按 1：50 兑水浇施。

花期增施 2～3 次磷肥。每盆每次穴施或沟施腐殖酸型过磷酸钙 10～20 克或喷施 0.2%～0.3% 的磷酸二氢钾溶液。

需要注意的是，三角花对肥料的需求与温度的高低有着很大的关系。一般来说，环境温度较高则可多施追肥，环境温度较低则要少施追肥。

（3）摘心修剪　摘心时间要根据供花时间而定，3 月上市的应在上年 10 月中旬摘心，4 月上市的在上年 11 月中旬摘心，5 月上市的在上年 12 月中旬摘心，6 月上市的在翌年 1 月中旬摘心。修剪一般都在花后，将枯枝、密枝以及顶梢剪除，促进更多新枝，保证年年开花旺盛。植株生长 5～6 年还需短截或重剪更新。

二十一、一品红

一品红又名圣诞花、象牙红、猩猩木、老来娇，原产于墨西哥及非洲。现世界各地均有栽培。我国南方可露地栽培，北方为盆栽。

1. 生长习性

一品红（图 1-21）为大戟科大戟属直立灌木。一品红喜暖怕寒，喜湿润环境，怕旱又怕涝，喜疏松、肥沃、排水良好的偏酸性土壤。

2. 观赏应用

一品红花朵有红色、黄色、粉色，花色鲜艳，花期长，开花时正值圣诞、元旦、春节，为节日增添了热烈欢乐的气氛，是节日的主要盆花。盆栽布置室内环境可增加喜庆气氛，也适宜布置会议室等公共场所。南方暖地可露地栽培，美化庭园，也可作切花。

图 1-21 一品红

3. 盆栽一品红安全高效施肥

（1）盆栽营养土配制 一品红所需营养土要求物化性质稳定，保水透气性良好，pH 值稳定在 5.5～6.5。在生产中可选用一品红专用营养土，也可自选配制，一般用菜园土 3 份、腐殖土 3 份、腐叶土 3 份、腐熟的饼肥 1 份，加少量的炉渣混合配制。但自配营养土要注意调整酸碱度与土壤消毒。pH 值控制在 5.5～6.5，一般在基质中加入些添加钙、镁的肥料对一品红生长非常有利。一品红栽培过程中对水分的需求量较大，特别在生长后期，基质中根系紧密，会造成浇水不进或浇水不均的现象，这时要特别注意基质干、湿状况，可使用一些表面活性剂改善土壤的保水性能。

（2）施肥管理 一品红是耐盐性很强的植物，通常将基质中的可溶性盐含量（EC 值）控制在 1.6～2.0 以内较为理想。一品红在肥料的使用量上可分为深色叶系和浅色叶系两个系列，浅色叶系的品种的肥料需求量比深色叶系的品种高出 0.5 个 EC 值左右。

在一品红定植后可施用 800～1000 倍液态水溶肥（9-45-15）浇根，直至根系生长到盆壁。如有需要可加入少量树脂膜缓释肥（14-14-14）。

一品红生长期用 800～1200 倍液态水溶肥（20-10-20）浇根或

叶面喷施，开花期可用 800～1200 倍液态水溶肥（15-20-25）浇根或叶面喷施。或用 0.6％尿素、0.5％磷酸二氢钾混合液代替上述两种液态水溶肥。但施用过程中要注意基质中 EC 值的变化，依据品种不同控制 EC 值在 1.6～2.0 范围以内。一品红的需肥量很大，基质中 EC 值变化较大，可通过仪器进行监测，每周测量 1 次，如发现盐分积累要及时进行清水冲洗。在生长与开花期依据各地水质情况，补充些钙、镁肥，如用含钙镁的 1000 倍液态水溶肥（14-0-14）叶面喷施或直接浇灌。上市前 3 周施肥量减少一半，上市前 1 周仅用清水浇灌，同时还可叶面喷施 1000 倍液态水溶肥（14-0-14），促进枝秆硬度的增强。

二十二、迎春花

迎春花别名金腰带、金梅、黄素馨、小黄花、清明花，原产于我国甘肃、陕西、四川、云南西北部，以及西藏东南部，现世界各地普遍栽培。

1. 生长习性

迎春花（图 1-22）为木犀科素馨属落叶灌木，直立或匍匐，枝

图 1-22　迎春花

条下垂。迎春花适应性强，在土层深厚、富含有机质的中性或微酸性土壤中生长最好，但它也能忍耐微碱性土壤。迎春花耐旱怕涝，喜光，非常耐寒，适合露地培养，不仅投资小，还对植株生长有利。

2. 观赏应用

迎春花枝条披垂，冬末至早春先花后叶，花色金黄，叶丛翠绿。迎春花因"春前有花"而得名，枝软细长，黄花成串。在园林绿化中宜配置在湖边、溪畔、桥头、墙隅，或在草坪、林缘、坡地，房屋周围也可栽植，可供早春观花。迎春花的绿化效果突出，体现速度快，在各地广泛使用。

3. 地栽迎春花安全高效施肥

（1）栽植基肥　露地栽植先应整地，并在整地时施以基肥，每亩施生物有机肥 50～100 千克，或商品有机肥 150～200 千克，或无害化处理过的腐熟厩肥 2500～3000 千克，或无害化处理过的腐熟堆肥 3000～4000 千克。栽植株行距，根据苗的大小，扦插苗可比分株苗小些，可在（20～35）厘米×（40～50）厘米间选择；在培养丛状株形时，扦插苗可 3～5 株丛植，以缩短成型时间。

（2）生长期追肥　追肥可根据土壤肥沃程度，露地栽植的植株，初冬在根际施 1 次有机肥，每丛施生物有机肥 0.5～1 千克，或商品有机肥 1～1.5 千克，或无害化处理过的腐熟厩肥 5～10 千克，或无害化处理过的腐熟堆肥 10～15 千克。生长期（6 月与 8 月）施 1～2 次复合肥，每次每丛可施腐殖酸型高效缓释复混肥（18-8-4）0.3～0.5 千克。

（3）叶面追肥　生长期（6 月与 8 月）叶面喷施 500～1000 倍含腐殖酸水溶肥料或 500～1000 倍含氨基酸水溶肥料或 500 倍高活性有机酸叶面肥，并在花期喷施 500 倍活力钾或生物钾叶面肥。

迎春花比较耐旱，因此，除了在养苗期和新栽植株要适当浇水保持土壤湿润外，一般只有在春季土壤过于干旱时才浇水。

4. 盆栽迎春花安全高效施肥

（1）盆栽营养土配制　盆栽迎春花的营养土，采用园土 6～7

份、堆肥 2～3 份、沙 1～2 份配合调制。盆栽可在秋季进行。上盆时盆底施饼粉或蹄角片作基肥，基肥上覆土一薄层，然后把迎春花放入。深度宜浅，对培养露根的更应浅些，使根颈部露出土面，而后在根颈部再培土，以便在日常浇水时逐渐冲去培土，使根颈和粗根逐渐适应暴露的环境。

培养盆栽材料，株行距也宜小些。栽植时不宜深栽，以保持原来深度较好，深栽后生长缓慢。

（2）日常施肥管理 盆栽迎春花，在 6 月上、中旬和 8 月中旬各施稍浓的饼肥水 1 次即可。

（3）水分管理 盆栽迎春花，由于根系受盆的限制，可根据天气和植株生长发育情况，对盆土补充水分。浇水的原则是：春季适当扣水，以防止新枝生长过长；夏季正是迎春花花芽分化时期，应满足其肥水的需要；秋季则见干再浇；冬季可隔 10～15 天浇 1 次。

二十三、木槿

木槿又名木棉、荆条、朝开暮落花、喇叭花，是一种在庭园很常见的灌木花种，原产于我国中部各省，现我国台湾、福建、广东、广西、云南、贵州、四川、湖南、湖北、安徽、江西、浙江、江苏、山东、河北、河南、陕西等省（区）均有栽培。

1. 生长习性

木槿（图 1-23）为锦葵科木槿属落叶灌木，高 3～4 米，小枝密被黄色星状绒毛。木槿对环境的适应性很强，较耐干燥和贫瘠，对土壤要求不严格，尤喜光和温暖湿润的气候。稍耐阴，耐修剪，耐热又耐寒。

2. 观赏应用

木槿花朵色彩有纯白、淡粉红、淡紫、紫红等，花形呈钟状，有单瓣、复瓣、重瓣几种，是夏、秋季的重要观花灌木，红花绿叶，相映生辉，美观宜人。南方多作花篱、绿篱；北方多作庭园点缀及室内盆栽。木槿不仅对二氧化硫与氯化物等有害气体具有很强的抗性，还具有很强的滞尘功能，是有污染工厂的主要绿化树种。

图 1-23　木槿

3.地栽木槿安全高效施肥

（1）栽植基肥　木槿移栽定植时，种植穴或种植沟内要施足基肥，一般以垃圾土或腐熟的厩肥等农家肥为主，配合施入少量复合肥。一般每株施生物有机肥 5～8 千克，或商品有机肥 10～15 千克，或无害化处理过的厩肥 20～30 千克，或无害化处理过的堆肥 30～40 千克，并配施腐殖酸型高效缓释复混肥（18-8-4）0.3～0.5 千克。移栽定植最好在幼苗休眠期进行，也可在多雨的生长季节进行。移栽时要剪去部分枝叶以利成活。定植后应浇 1 次定根水，并保持土壤湿润，直到成活。

（2）日常施肥管理　当枝条开始萌动时，应及时追肥，以速效肥为主，促进营养生长。可用 500～1000 倍含腐殖酸水溶肥料或 500～1000 倍含氨基酸水溶肥料或 500 倍高活性有机酸叶面肥，配合 0.1%～0.2% 尿素溶液喷施一次。

现蕾前追施 1～2 次磷、钾肥，促进植株孕蕾。每株每次穴施或沟施氮磷钾复合肥（5-20-26）0.2～0.3 千克或喷施 0.5% 磷酸二氢钾液肥。

5～10月盛花期间结合除草、培土进行追肥两次，以磷、钾肥为主，辅以氮肥，以保持花量及树势。每株每次穴施或沟施氮磷钾复合肥（5-20-26）0.3～0.5千克或增效磷酸二铵 0.1～0.2千克和氯化钾 0.1 千克。

冬季休眠期间进行除草清园，在植株周围开沟或挖穴施肥，以农家肥为主，辅以适量无机复合肥，以供应来年生长及开花所需养分。一般每株施生物有机肥 5～8 千克，或商品有机肥 10～15 千克，或无害化处理过的厩肥 20～30 千克，或无害化处理过的堆肥 30～40 千克，并配施腐殖酸型高效缓释复混肥（18-8-4）0.5～1千克。

长期干旱无雨天气，应注意灌溉，而雨水过多时要排水防涝。

（3）整形修剪　新栽植的木槿植株较小，在前 1～2 年可放任其生长或进行轻修剪，即在秋冬季将枯枝、病虫弱枝、衰退枝剪去。树体长大后，应对木槿植株进行整形修剪。整形修剪宜在秋季落叶后进行。木槿根据枝条开张程度不同可分为直立型和开张型。

二十四、薰衣草

薰衣草既是优美的观赏植物，又是重要的芳香植物，也是蜜源植物。作为花卉，其在全国大多数省、自治区、直辖市均有种植。

1. 生长习性

薰衣草（图 1-24）为唇形科薰衣草属半灌木或小灌木，稀为草本。薰衣草喜干燥、温凉，耐旱，不耐潮湿，忌涝渍。喜光照不耐阴。根系十分发达，须根很多，要求土壤通透性好，在疏松的石灰质砂壤土上生长最好。

2. 观赏应用

薰衣草花蓝色或紫色，具有整齐而紧密的株丛，肥厚灰绿色的叶片，成串淡紫色的花朵，浓郁芬芳的香气。无论是单株观赏，还是成片欣赏，都能使人产生淡雅秀丽和香雾著人的美感。薰衣草是多年生植物，一次栽植后，可以茂盛生长维持 6～8 年，如果管理工作及时细致，可以保持十几年生长不衰。

图 1-24 薰衣草

3.地栽薰衣草安全高效施肥

（1）栽植基肥 栽植地要在种植前深翻，并施入充足的厩肥作基肥。每 100 平方米可施无害化处理过的腐熟猪圈粪或牛圈粪 20～25 千克，或无害化处理过的腐熟堆肥 25～30 千克，或生物有机肥 5～10 千克，或商品有机肥 15～20 千克，并配施腐殖酸型涂层缓释复混肥（15-10-15）1～2 千克。

栽植一般在春季植株萌动前（3 月中下旬）或秋季生长将结束时（9 月下旬至 10 月中旬）进行较好，也可以在幼苗长到 15 厘米时及时地定植。栽植起苗时，应先浇水，然后带土移苗。栽植后浇 1～2 次透水，随即松土保墒，定植时株行距为（50～80）厘米×（80～100）厘米。

（2）适时追肥 薰衣草是耐旱和耐瘠薄的植物，然而要使它生长茂盛、花序长和不断形成新花序，还要靠加强肥水管理。在生长期中，宜追肥 2～4 次。土壤肥沃的，可于 4 月下旬和 7 月各追肥 1 次。栽植多年的植株，除在 4 月下旬追肥 1 次外，以后分别在 6、7、8 月下旬再各施肥 1 次，以满足其不断形成新花序的需要。每次可用500～1000倍含腐殖酸水溶肥料或含氨基酸水溶肥料溶液、0.1％尿素混合液浇施，或用无害化处理过的充分腐熟的鸡粪、发酵豆饼或花生饼按1∶50兑水浇施，并配施腐殖酸型高效缓释复混肥（18-8-4）0.1～0.2千克。追肥宜淡忌浓。

（3）叶面追肥　4月份可用500～1000倍含腐殖酸水溶肥料或500～1000倍含氨基酸水溶肥料或500倍高活性有机酸叶面肥，配合0.1％～0.2％尿素溶液喷施一次。始花期可用500倍活力钾或生物钾叶面肥喷施一次。

（4）水分管理　春季气温上升后，植株开始萌动生长并在新枝上形成花序。在春季干旱地区，宜及时补充水分，一般可根据土壤干湿情况，浇水1～3次。进入雨季应注意排水，防止受涝，并须中耕松土，改善土壤通透状况。薰衣草须根发达，大部分分布在土壤表层，如果浸水24小时以上，须根就会窒息而使植株死亡。

入冬以后，植株上部嫩枝逐渐枯萎，为了节省养分消耗和有利于次年萌发壮枝，宜将嫩枝剪去，将植株修剪成圆锥状。随后便可施厩肥，浇冻水，再在植株基部培土10～15厘米后越冬。

二十五、桃花

桃又名毛桃、碧桃，原产于我国，分布在西北、华北、华东、西南等地，现江苏、山东、浙江、安徽、上海、河南、河北等地广泛栽培。

1. 生长习性

桃树（图1-25）为蔷薇科李属落叶小乔木。桃树性喜阳光，耐旱，不耐潮湿。喜欢气候温暖的环境，耐寒性好，喜土壤肥沃、排水良好的砂质土壤。

2. 观赏应用

桃花花色从淡粉色至深粉红色或红色，有时为白色。桃树形态优美，花大色艳，观赏期达15天之久。桃花开在春天，使人赏心悦目，遐想联翩。唐朝有诗云"凭君莫厌临风看，占断春光是此花"，并有"人面桃花"的传说、戏剧，皆脍炙人口。桃树在园林绿化中被广泛用于湖滨、溪流、道路两侧和公园等，其园林绿化用途广泛，绿化效果突出，栽植当年即有特别好的绿化效果体现。可列植、片植、孤植。

图1-25　桃花

3.地栽桃花安全高效施肥

（1）栽植基肥　栽植地要在种植前深翻，并施入充足的厩肥作基肥。每株可施无害化处理过的腐熟猪圈粪或牛圈粪20～30千克，或无害化处理过的腐熟堆肥25～30千克，或生物有机肥5～8千克，或商品有机肥8～10千克，并配施腐殖酸型涂层缓释复混肥（15-10-15）0.5～1千克。栽植一般在春季植株萌动前（3月中下旬）或秋季生长将结束时（9月下旬至10月中旬）进行较好。

（2）日常施肥管理　早春开花前应追施1～2次以磷肥为主的肥料。每株每次穴施氮磷钾复合肥（5-20-26）0.3～0.5千克或喷施0.5％磷酸二氢钾液肥。

谢花后，应追施以氮肥为主的肥料1～2次。每株每次穴施腐殖酸型高效缓释复混肥（18-8-4）0.3～0.5千克。

冬季结合修剪，在植株周围开沟或挖穴施肥，以农家肥为主，辅以适量无机复合肥。一般每株施生物有机肥5～8千克，或商品有机肥 10～15 千克，或无害化处理过的厩肥 20～30 千克，或无害化处理过的堆肥 30～40 千克，并配施腐殖酸型高效缓释复混肥（15-10-15）0.5～1 千克。

（3）叶面追肥　早春开花前可用 500～1000 倍含腐殖酸水溶肥料或 500～1000 倍含氨基酸水溶肥料或 500 倍高活性有机酸叶面肥，配施 600 倍活力钾或生物钾叶面肥，喷施一次。

❀❀ 第二节 ❀❀
草本观花类花卉安全高效施肥技术

一、香石竹

香石竹（图 1-26），又名康乃馨、狮头石竹、麝香石竹、大花石竹、荷兰石竹，原产于地中海地区，现我国各地均可栽培。香石竹，既是世界上应用最普遍的花卉之一，也是世界四大切花之一。

图 1-26　香石竹

1. 生长习性

香石竹为石竹科石竹属多年生草本花卉。香石竹喜阳光充足、干燥、空气流通的环境，不耐热，忌连作。喜肥沃、湿润、排水良好的微碱性黏质土壤。

2.观赏应用

香石竹花色有黄色、粉红色、紫红色、白色，是优异的切花品种。随着母亲节的兴起，香石竹成为全球销量最高的花卉。在纤细青翠的花茎上，开出鲜艳美丽的花朵，花瓣紧凑而不易凋落，叶片秀长而不易卷曲，花朵雍容富丽，姿态高雅别致，色彩绚丽娇艳，更有那诱人的浓郁香气，甜醇幽雅，使人目迷心醉，这就是在母亲节赠给母亲的鲜花——香石竹。通常作二年生花卉栽培，用以布置花坛、花境，也可作切花栽培。保护地栽培能四季开花，常用作温室切花生产栽培。矮生品种还可用于盆栽观赏，常用于制作花篮、花束、花环，也是插瓶摆设的主要花卉。

3.保护地地栽香石竹安全高效施肥

（1）土壤处理　香石竹要求保肥、通气及排水性能良好的土壤，其中以重壤土、菜园土及水稻土为好。由于长期连作易造成土壤环境中盐类浓度过高、电导度过大，从而易引起根腐、茎腐及立枯病等症状。一般需要在原有土壤中掺入大量的分解缓慢、氮素含量较少、多糖类含量较高的粗纤维有机质，以利增加土壤孔隙度，保持土质疏松与良好的保水性能，促进香石竹植株的生长发育。通常掺入的材料有稻谷壳、大豆荚、花生壳、锯木屑、泥炭及经过粉碎的玉米秸、麦秆、稻草等作物碎段。一般有机物的掺入量为土壤容积的 20%～30%，耕作层的深度要求达到 40 厘米以上。各种掺入的材料中，以稻谷壳的效果最好。锯木屑必须腐熟后使用。泥炭因酸度较强，要注意土壤酸碱度的调节，适合栽培的 pH 值范围为 4.5～7.0。香石竹对除草剂敏感，前作土壤若使用除草剂，种苗定植后，易造成其生长缓慢、成活率低及死苗等。

（2）扦插育苗　扦插成活的幼苗，要经过 1～2 次的移植，扩大其营养面积。第一次移植的株行距为 6 厘米；第二次移植在第一次移植后 1 月进行，株行距为 9～12 厘米。如果只进行 1 次移植，其株行距应按第二次的距离。

（3）定植基肥　香石竹是浅根性植物，栽培时应施足量的基肥。基肥要经堆沤腐熟后才可应用。定植时间以采花前 4～5 个月为宜，单行种植密度为 20 厘米×10 厘米，双行种植密度为 30 厘米×10 厘米。定植前，先在每亩土壤中施入生物有机肥 50～100 千克，或商品有机肥 100～150 千克，或无害化处理过的腐熟厩肥 1500～2000 千克，或无害化处理过的腐熟堆肥 2000～2500 千克作为基肥，并配施腐殖酸型高效缓释复混肥（15-10-15）20～30 千克。最好休闲 15～20 天再定植，避免因肥料问题引起定植后的烧苗、死苗。土壤在定植时需保持湿润，最好在定植前 2～3 天浇透水。定植时要浅埋（深 3～5 厘米），可以减少枯萎病（根腐病、茎腐病）的危害，栽后立即浇一次透水。

（4）适时追肥　香石竹的生育期较长，在施足基肥的基础上，还要勤施追肥，追肥的原则是"少量多次"。根据香石竹生长量调整施肥次数及施肥量。目前香石竹生长前期以硝态氮类、尿素等速效肥为主，中后期以高钾、低磷、适氮的复合肥为主，其中以进口复合肥效果最好，施用方式以撒施在香石竹行距中间为宜，切忌施肥过量或靠植株过近。5 月至 7 月下旬每隔 2～3 周施 1 次，每次每亩施增效尿素 3～5 千克或硝酸铵 5～8 千克或长效缓释复混肥（24-16-5）10～15 千克；8 月至 9 月上旬每隔 3～4 周施 1 次，9 月下旬至 12 月上旬每隔 1～2 周施 1 次，每次每亩可施长效水溶性滴灌肥（10-20-20）10～10 千克或腐殖酸型高效缓释复混肥（15-10-15）8～10 千克。

有条件的地方可以采用滴灌配方施肥，肥料选用易溶于水的盐类肥料，配方为：①硝酸钾 40 克、硝酸钙 30 克、尿素 80 克或硝酸铵 90 克、磷酸二氢钾 20 克、硫酸镁 20 克，此配方适用于从摘心后到开始现花蕾；②硝酸钾 60 克、硝酸钙 30 克、尿素 60 克或硝酸铵 70 克、磷酸二氢钾 20 克、硫酸镁 20 克，此配方适用于从现花蕾到开始采花；③硝酸钾 80 克、硝酸钙 30 克、尿素 60 克或硝酸铵 70 克、磷酸二氢钾 20 克、硫酸镁 20 克，此配方适用于从采花到采收结束。以上配方按兑水 100 千克的浓度施用，施肥量为 100 千克配好肥液浇或滴灌 15 平方米的墙面。

（5）叶面追肥　苗期可用 500～1000 倍含腐殖酸水溶肥料或 500～1000 倍含氨基酸水溶肥料或 500 倍高活性有机酸叶面肥喷施 2 次，间隔 15 天。旺长期叶面喷施一次 1500 倍活力硼叶面肥和 1500 倍活力钙叶面肥。花期喷施一次 600 倍活力钾或生物钾叶面肥。

4. 盆栽香石竹安全高效施肥

（1）盆栽营养土配制　因盆花在有限的盆土内生长和开花，所以其对基质的要求较高。基质一般要含有丰富的腐殖质，具有良好的排水透气性和保水保肥能力，平时不开裂，湿时不成团，pH 值在 6.0～6.5，还需经过消毒，不含有毒物质和虫蛹。用腐叶土：壤土：河沙以 1：1：1 的比例，或用 50% 黄泥炭、25% 粗蛭石、25% 珍珠岩石拌匀后配制的基质均能适应盆花的生长。基质中可按 1 克/升掺入含三元复合肥（15-15-15）。如作盆栽，可先地栽培养，当植株长到具有 5～6 根侧枝后，再移到口径 20 厘米左右的花盆中。上盆时盆底宜放腐熟的饼粉及蹄角屑作为基肥。

（2）苗期水肥管理　苗期要见干见湿，缓苗期保持土壤湿润，缓苗后要适度蹲苗，使根向下扎，形成强壮的根系。盆土水分含量不宜过高，浇水应做到"晴天浇阴天不浇，清晨浇傍晚不浇"。不能垂直叶面浇水，叶面湿度过高，很容易引起茎叶病害。苗期施肥以氮肥为主的复合肥（20-10-20），可以利用自动肥水吸入机随水施入，氮浓度折合为 50 毫克/升，每 10 天 1 次，随着小苗的长大，浓度可以适当提高，但不能超过 100 毫克/升，EC 值控制在 0.8 左右。

（3）换盆后肥水管理　1 月初，小苗的根系长满了整个营养钵，这时可以移栽到 16.6 厘米盆中。如果采用上面浇水的方式，移栽时盆土装到离盆口 1 厘米左右高度为宜。移栽一周后，把缓效复合肥（15-10-15）在盆土表面按 1 克/盆均匀撒施。叶片略显萎蔫时浇水，浇则浇透。

3 月份香石竹的根已布满整个花盆，开始从盆底伸出，这时要每月旋移盆花一次，阻止根扎在无纺布上，消除植株向光性，确保盆花的丰满程度。同一床架上的盆花大小可能相差很大，应勤整理，尽可能把大小一致的盆花放在一起。这段时期植株进入花芽分化期，植株开始现蕾，将氮磷钾复合肥比例调整为（15-15-30），浓度在100～150毫克/升，提高磷、钾的比例，主要为了使植株叶片增厚。

浇水、追肥应根据季节和植株生长状况进行。4～6月份和9～10月份是香石竹的两次生长高峰，应当增加浇水的量，以满足其生长的需要。平时则宜保持土壤适当干燥状态，避免土壤经常含水过多而引起病害发生。在夏季高温多雨季节，更要控制浇水，防止土壤含水过多或不足。

二、报春花

报春花（图1-27）又名樱草、七重楼，原产于我国的云南、贵州和广西，现广泛栽培于世界各地。

图1-27　报春花

1. 生长习性

报春花为报春花科报春花属多年生宿根类草本花卉，但在栽培中多作为二年生花卉培植。报春花是典型的暖温带植物，喜气候温凉、湿润的环境和排水良好、富含腐殖质的土壤，不耐高温和强烈的直射阳光，多数亦不耐严寒。

2. 观赏应用

报春花花冠有粉红色、淡蓝紫色或近白色。报春花是春天的信使，当大地还未完全复苏，众芳凋零，霜雪未尽，它已在林缘、在溪畔、在草地上，或成丛、或成片，悄悄地开出花朵，生机盎然，告诉人们春天即将来临。南宋诗人杨万里，留有词作《嘲报春花》："嫩黄老碧已多时，骇紫痴红略万枝。始有报春三两朵，春深犹自不曾知。"报春花是人们经常见的一种花草，是具有观赏价值的植物之一，常用来美化家居环境。

3. 盆栽报春花安全高效施肥

（1）盆栽营养土配制　盆栽营养土以腐殖质丰富、排水良好为宜。用腐叶土 4 份、园土 3 份、堆肥土 2 份、沙土 1 份配制成盆土。在定植上盆时也可再加堆肥土的分量。幼苗定植成活后，当根系布满全盆时，应立即换入 15～18 厘米的花盆中。若换盆不及时，会出现植株生长呆缓的"老化"现象。这次换盆后就不再换盆，因此盆底要酌施基肥（堆肥、蹄角屑或饼粉）。

（2）生长期肥水管理　报春花是比较喜肥的花卉，要求薄肥常施，而忌浓肥。

当第一次移植后，便可开始追肥，每 7～10 天施淡肥 1 次，每次可用 800～1000 倍含腐殖酸水溶肥料或含氨基酸水溶肥料溶液、0.1% 尿素混合液浇施，或用无害化处理过的充分腐熟的鸡粪、发酵豆饼或花生饼按 1∶50 兑水浇施。

第二次移入盆内后，肥料可稍浓，每 7～10 天施 1 次，每次可用 500～600 倍含腐殖酸水溶肥料或含氨基酸水溶肥料溶液、0.1% 尿素混合液浇施，或用无害化处理过的充分腐熟的鸡粪、发酵豆饼或花生饼按 1∶20 兑水浇施。

当植株开花时便可停止追肥，但是留种母株例外。追肥时不能使肥水接触到叶片，为了安全起见，追肥后应立即用清水喷洗 1 次，水量宜少。

盆土的水分补充，在营养生长期以保持湿润为宜，忌积水；开花期盆土宜稍扣水，大小水相间进行。

三、一串红

一串红（图 1-28）又名爆仗红、拉尔维亚、象牙红、西洋红、洋赪桐，原产于巴西、南美洲，现为中国城市和园林中最普遍栽培的草本花卉。

图 1-28　一串红

1. 生长习性

一串红为唇形科鼠尾草属多年生草本花卉，但多作一年生花卉栽培。一串红喜阳，耐半阴，耐寒性差。一串红要求疏松、肥沃和排水良好的砂壤土，适宜于在 pH 值为 5.5～6.0 的土壤中生长。

2. 观赏应用

一串红常用红花品种，秋高气爽之际，花朵繁密，色彩艳丽。不同颜色一串红代表不同文化，一串红代表恋爱的心，一串白代表精力充沛，一串紫代表智慧。常用作花丛花坛的主体材料，也可植于带状花坛或自然式纯植于林缘。常与浅黄色美人蕉、矮万寿菊、浅蓝或水粉色水牡丹、翠菊、矮藿香蓟等配合布置。一串红矮生品种适宜用于花坛。白花品种与红花品种配合观赏效果较好。一般白花、紫花品种的观赏价值不及红花品种。

3. 施肥配方

葛亚英等（2003）对一串红苗期不同营养液配比进行研究，认为氮 150 毫克/千克、磷 40 毫克/千克、钾 150 毫克/千克配比较好，有利于提高一串红苗期植株品质。

杨美燕等（2013）对无土栽培一串红生长与开花进行研究，提出标准营养液为：硝酸铵 100 毫克/升，磷酸二氢钠 60 毫克/升，硫酸钾 100 毫克/升，硫酸锰 0.5 毫克/升，钼酸钠 0.1 毫克/升，硼酸 0.2 毫克/升，硫酸锌 0.1 毫克/升，硫酸铜 0.02 毫克/升，螯合铁 2 毫克/升。

4. 地栽一串红安全高效施肥

（1）地栽基肥　地栽时应施足基肥，浇足定根水。一般每亩施腐熟饼肥 100～120 千克，或生物有机肥 30～50 千克，或商品有机肥 100～150 千克，或无害化处理过的腐熟厩肥 1500～2000 千克，或无害化处理过的腐熟堆肥 2000～2500 千克，并配施长效缓释复混肥（24-16-5）15～20 千克。

（2）生长期追肥　生长旺季应该每隔 2 周施 1 次稀薄饼肥，用发酵豆饼或花生饼按 1：50 兑水浇施，并增加浇水量；或施入 1：10 倍腐熟猪圈粪或牛圈粪肥液。梅雨季节可每亩追施 1 次腐殖酸型高效缓释复混肥（15-10-15）15～20 千克、增效尿素 5 千克。8 月份可施入 2% 过磷酸钙液肥。

生长期也可用杨美燕等人提出的标准营养液，每隔 2 周追肥 1 次。

（3）叶面喷肥　可分别在移栽后 15 天、生长盛期、开花前 10 天喷施 500～1000 倍含腐殖酸水溶肥料或 500～1000 倍含氨基酸水溶肥料或 500 倍高活性有机酸叶面肥 1 次，并在花期增加喷施 600

倍活力钾或生物钾叶面肥一次。

5.盆栽一串红安全高效施肥

（1）盆栽营养土配制　一串红喜欢通风透气、排水良好、富含有机质的微酸性的砂壤土，pH 值要求在 5.5～6.0。盆土可用腐叶土 4 份、园土 4 份、河沙 2 份配制而成。

（2）上盆　使用前先进行消毒处理，常用多菌灵拌匀后覆盖薄膜，在温室内闷晒 3～4 天，然后揭膜待气味散尽后再用。种播苗当幼苗长出 3～4 片真叶、苗高 5～10 厘米时移栽定植。扦插苗当根系长到 5～7 毫米时就可以移植上盆。上盆后需马上浇足水，适当遮阴，尤其扦插苗上盆后要用遮光网遮盖 3～4 天，避免阳光直射。

（3）肥水管理　一串红不喜大水，否则易发生黄叶、脱叶、株高而花稀的情况。管理时应控制浇水，即不干不浇，浇则浇透。生长期间勤施磷、钾肥，以满足其生长需要，可用浓度在 100～150 毫克/升氮磷钾复合肥（15-15-30）淋施，或每株每次穴施氮磷钾复合肥（5-20-26）0.1～0.2 千克。

（4）叶面喷肥　可分别在生长盛期、开花前 10 天喷施 500～1000 倍含腐殖酸水溶肥料或 500～1000 倍含氨基酸水溶肥料或 500 倍高活性有机酸叶面肥 1 次，配合喷施 600 倍活力钾或生物钾叶面肥，或 0.3％磷酸二氢钾液肥。

四、瓜叶菊

瓜叶菊（图 1-29）别称富贵菊、黄瓜花，原产于大西洋加那利群岛，我国各地公园或庭院广泛栽培。

1.生长习性

瓜叶菊为菊科瓜叶菊属多年生草本，常作 1～2 年生栽培。瓜叶菊性喜温暖、湿润通风良好的环境，不耐高温，怕霜冻，喜腐殖质丰富、疏松肥沃、排水良好的砂壤土。

2.观赏应用

瓜叶菊小花有紫红色、淡蓝色、粉红色或近白色。叶片宽阔舒展，花头硕大，碧叶衬托花簇，鲜艳夺目，绚丽生辉，其花期早，在寒冬开花尤为珍贵。花色丰富鲜艳，特别是蓝色花，闪着天鹅绒般的光泽，幽雅动人，深受人们喜爱。瓜叶菊的花语是：喜悦，快活，快乐，合家欢喜，繁荣昌盛。适宜在春节期间送给亲友，此花色彩鲜艳，体现美好的心意。

瓜叶菊开花整齐，花形丰满，既可陈设室内矮几架上，也可用多盆成行组成图案布置宾馆内庭或会场、剧院前庭，花团锦簇，喜气洋洋。通常单盆观赏可达 40 余天。

图 1-29　瓜叶菊

3.盆栽瓜叶菊安全高效施肥

（1）盆栽营养土配制　瓜叶菊喜富含腐殖质而排水良好的砂壤土，pH 值为 6.5～7.5 比较合适。配制播种用的营养土时要注意将没有污染过的腐叶土或堆肥土、纯黄土和细砂按照 3∶1∶1 混合后过筛，并且不再放入任何肥料，这样配制的营养土有利于种子发芽生长。

上盆时的营养土中均匀放入豆饼、骨粉或过磷酸钙作为基肥，或者用厩肥、火土灰、园土、菜饼、细砂，按 3∶2∶2∶1∶1 的比例配制营养土，以保证植株养分的充足供应。厩肥须经沤制腐熟后晒干，菜籽饼必须粉碎，并将其充分搅拌混合后过筛方可作为定植的营养土使用。

（2）生长期肥水管理　生长期每7～10天施一次2%左右的淡饼肥或1%的氮磷钾复合肥（15-15-15），交替使用效果更好。定植于盆中的瓜叶菊，一般约2周施一次液肥。用腐熟的豆饼或花生饼、烂黄豆、烂花生亦可，用水稀释10倍用。在现蕾期可叶面喷施1～2次0.3%磷酸二氢钾液肥，而少施或不施氮肥，以促进花蕾生长而控制叶片生长。开花前不宜过多施用氮肥，控制浇水量，室温也不宜过高，否则，叶片过分长大影响观赏。在四层叶片时，采取控制肥水进行蹲苗，冬季置于10～13℃室温中，放于向阳处，则花色鲜艳、叶色翠绿。定期转盆，使株形匀称美观。

（3）叶面喷肥　生长前期，叶面喷施500～1000倍含腐殖酸水溶肥料或500～1000倍含氨基酸水溶肥料或500倍高活性有机酸叶面肥1次。

五、香水草

香水草（图1-30）又名南美天芥菜、洋茉莉，原产于秘鲁，现我国各地均有栽培。

图1-30　香水草

1. 生长习性

香水草为紫草科天芥菜属多年生草本花卉，常作 1～2 年生栽培。香水草的根系发达，须根多，吸收能力强，生长快。香水草喜排水良好、肥沃疏松的壤土。

2. 观赏应用

香水草花色为堇色或紫色，香郁浓厚，气味清香，素有"香料之王"之称，并有防腐、杀菌、消毒、驱虫、灭虱的特殊效能。香水草因具备幽香四溢、香雾著人的品质而耐人玩赏、受人喜爱。它的叶子色浓肥实，敦厚起皱；花很小并不显眼，但是由许多小花集合而成的花序，却像绒球一般惹人喜爱。

香水草用途广泛，是极佳的诱蝶植物，可广泛种植于庭院、小区、别墅，进行环境美化香化，也适合花坛和地被绿化，还可作为室内盆栽观花。另外，香水草还是很好的香水原料和沐浴保养品，同时还具有一定的药用功能。

3. 盆栽香水草安全高效施肥

（1）盆栽营养土配制　栽培香水草的土壤，宜用排水良好的肥沃疏松壤土。盆土一般采用园土 4 份、堆肥土 3 份、沙 1～2 份、草木灰 1～2 份配合调制，也可选用蛭石 5 份、泥炭 5 份配合调制。

（2）移栽上盆　移栽到小盆后，随着生长，要从幼苗开始及时进行摘心，以便促使分枝形成丰满敦实的株形。

（3）肥水管理　香水草喜湿润的环境。冬季宜适当控制不要过湿，一般 2～3 天浇 1 次；春秋两季随气温变化每天 1 次即可；夏季应早晚各浇 1 次。浇水时应同时将沙床淋湿。

香水草是喜肥的花卉，上盆 1 周后便可开始追肥。追肥每周进行 1 次，肥料用腐熟的豆饼或花生饼用水稀释 10 倍，或经过发酵的鸡粪液用水稀释 20 倍。每隔 2～3 次施 1 次腐殖酸型高效缓释复混肥（15-10-15），用量为每次每盆 1～2 克。冬季室温低和夏季天气炎热，可延长追肥的间隔时间或者停止施肥。

（4）叶面喷肥　生长前期叶面喷施 500～1000 倍含腐植酸水溶

肥料或 500～1000 倍含氨基酸水溶肥料或 500 倍高活性有机酸叶面肥 1 次。花期叶面喷施 600 倍活力钾或生物钾叶面肥，或 0.3％磷酸二氢钾液肥。

六、紫罗兰

紫罗兰（图 1-31）又名草桂花、四桃克、草紫罗兰，原产于地中海沿岸，欧洲名花之一。中国南部地区广泛栽培。

图 1-31　紫罗兰

1.生长习性

紫罗兰为十字花科紫罗兰属二年生或多年生草本花卉。紫罗兰性喜温凉，不耐高温，喜光，有一定耐旱能力。紫罗兰对土壤要求不严，在肥沃、微酸性（pH 值为 6.5）和中性土壤中生长最佳，但也具有一定的耐碱性。

2.观赏应用

紫罗兰花有紫色、紫红色、淡红色或白色，植株秀美，花朵茂盛，花色鲜艳，香气浓郁，花期长，花序也长，为众多爱花者所喜爱。紫罗兰的花语：永恒的美与爱，质朴，美德，盛夏的清凉。紫罗兰适宜于作盆栽观赏，也可布置于花坛、台阶、花径，整株花朵可作为花束。

3.盆栽紫罗兰安全高效施肥

（1）盆栽营养土配制　紫罗兰栽培最适宜的营养土组合为：泥炭：沙子：珍珠岩比例为1：3：1；也可以采用泥炭：沙子：珍珠岩比例为1：2：3。盆栽选择一年生矮种香紫罗兰，在凉爽地区或已过暑期随时可播种，四季均可开花。

（2）生长期水分管理　出苗定植后15～20天，紫罗兰进入旺长时期。在长到9～10片叶子时，进行一次摘心，留基部6～7片叶，摘除生长点，促使其产生分枝，形成紧密的株形。紫罗兰喜稍带干燥的环境。浇水不宜勤，土壤不宜过湿，盆栽时可2～3天浇1次水。此外空气湿度也不宜高，温室栽培常通过通风换气来调整空气湿度。

（3）生长期施肥　紫罗兰对肥料种类的适应较广，要求中等肥力，过肥或施肥过勤，常常出现梗粗叶大，反而降低观赏价值；当然缺肥时也会造成花瘦色淡。一般情况是每隔20～25天追肥1次，肥料用腐熟的豆饼或花生饼用水稀释10倍，或经过发酵的鸡粪液用水稀释20倍。每隔2～3次施1次腐殖酸型高效缓释复混肥（15-10-15），用量为每次每盆2～4克。到开花前30天左右，每株每次穴施氮磷钾复合肥（5-20-26）0.1～0.2千克，有增进花色艳丽的作用。

（4）叶面喷肥　生长前期叶面喷施500～1000倍含腐殖酸水溶肥料或500～1000倍含氨基酸水溶肥料或500倍高活性有机酸叶面肥1次。花期叶面喷施600倍活力钾或生物钾叶面肥，或0.3%磷酸二氢钾液肥。

七、麝香豌豆

麝香豌豆（图1-32）又名麝香豌豆花，原产于意大利，现我国大多数地区均有栽培。

1.生长习性

麝香豌豆为豆科香豌豆属一年生蔓性草本植物。麝香豌豆喜冬

图 1-32　麝香豌豆

暖夏凉、空气湿润的气候，畏严寒，怕酷热，稍耐旱。其生育期要求阳光充足、空气流通，但忌吹干热风，要求土层深厚、疏松肥沃的土壤。

2. 观赏应用

麝香豌豆有香气，花色有红、白、蓝、黄、紫等，亦有带斑点或镶边等复色品种，依花期不同，可分春花、夏花和冬花三种类型。花大色艳，多姿多彩，芳香宜人，茎棱状有刺，花冠奇特，是耐人观赏的蔓生花卉。矮生品种可地栽、盆栽；高生品种主要供作切花用，也可作花篱或花屏栽植。麝香豌豆对氟化氢、二氧化硫等有较强的抗性，可作为居家庭院、学校、工厂生活区等绿化美化栽培。

3. 地栽麝香豌豆安全高效施肥

（1）施足基肥　田块要求连续 3 年以上没有种过豆科作物，地势稍高，排灌方便，土壤肥沃疏松，中性至微酸性（pH 值为 6.0～7.2）。翻耕深 15～20 厘米，让其风化晒垡 2～3 周，然后每亩施生物有机肥 50～70 千克，或商品有机肥 100～150 千克，或无害化处理过的腐熟厩肥 1000～1500 千克，或无害化处理过的腐熟堆肥

1500～2000 千克，并配施腐殖酸型过磷酸钙 15～20 千克、大粒钾肥 10～15 千克，将有机肥与化肥充分混合均匀作基肥。

（2）播种育苗　通常进行直接播种，也可育苗移栽。采用营养钵或塑料袋，营养土以晒白的田园土 100 千克、煤球灰或火烧土 20 千克、腐殖酸型过磷酸钙 10 千克、硫酸钾复合肥 5 千克、阿姆斯复合菌剂 200～300 克的比例充分混合，加入 15％饼肥或农家肥拌匀配制使用，每个营养钵或塑料袋播 1 粒种子。在苗高 8～10 厘米、有 2～4 片真叶时移栽。矮生品种盆栽，选用盆径 20～30 厘米的紫砂盆或釉盆，营养土配制同上，每盆播种 1～5 粒。

（3）肥水管理　应保持土壤湿润，但忌水涝或长时间土壤过湿。出苗后每半个月浇施 1 次有机肥液，一般每亩每次用腐熟的人畜尿粪 400～500 千克加适量水稀释浇施。现蕾开花时每隔 7～10 天结合浇水追 1 次肥，每次每亩用增效尿素 4～5 千克、腐殖酸型过磷酸钙 5～10 千克、大粒钾肥 5～10 千克，加水稀释成液肥浇施或于雨天撒施于株行距间。

（4）叶面喷肥　初花期叶面喷施 500～1000 倍含腐殖酸水溶肥料或 500～1000 倍含氨基酸水溶肥料或 500 倍高活性有机酸叶面肥，并同时叶面喷施 800 倍微量元素水溶肥料。

（5）培土施肥　生长期发现杂草要及时拔除，并在苗期进行 2～3 次浅中耕松土，在侧枝高 15～20 厘米时进行 1 次培土，可结合培土每亩用腐熟农家肥、堆肥、菌脚料、谷壳料（粉）、锯末、火烧土、粉煤灰、草木灰、城市垃圾等 3000～5000 千克，腐殖酸型过磷酸钙 10～15 千克，硫酸钾 5～10 千克，撒施于穴行距间，再培土。

八、马蹄莲

马蹄莲（图 1-33）别名慈姑花、水芋、野芋、海芋百合、花芋，原产于非洲南部，我国各地多温室栽培。

1. 生长习性

马蹄莲为天南星科马蹄莲属多年生粗壮草本花卉。马蹄莲喜温暖、湿润和阳光充足的环境，不耐寒和干旱。马蹄莲喜水，生长期土壤要保持湿润。土壤要求肥沃、保水性能好的黏壤土，pH 值 6.0～6.5。

2.观赏应用

马蹄莲挺秀雅致，花苞洁白，宛如马蹄，叶片翠绿，缀以白斑，可谓花叶两绝。清纯的马蹄莲花，是素洁、纯真、朴实的象征。马蹄莲寓意：博爱，圣洁虔诚，永恒，优雅，高贵，尊贵，希望，高洁，纯洁、纯净的友爱，气质高雅，春风得意，纯洁无瑕的爱。马蹄莲已成为国际花卉市场重要的切花种类之一。常用于制作花束、花篮、花环和瓶插，装饰效果特别好。矮生和小花型品种盆栽用于摆放台阶、窗台、阳台、镜前，充满异国情调，特别生动可爱。马蹄莲配植于庭园，尤其是丛植于水池或堆石旁，开花时非常美丽。

图 1-33　马蹄莲

3.地栽马蹄莲安全高效施肥

（1）整地施肥　作切花栽培的马蹄莲根茎，要栽植在疏松肥沃的黏壤土中，栽植前整地时，要施足基肥。在大行挖宽 40 厘米、深 25 厘米的施肥沟，在沟内每亩均匀撒入生物有机肥 50～70 千克，或商品有机肥 100～150 千克，或无害化处理过的腐熟的牛圈粪 2000～3000 千克，或无害化处理过的腐熟的猪圈粪 2000～3000 千克，或无害化处理过的腐熟的堆肥 3000～4000 千克，并配施腐殖酸型过磷酸钙 30～40 千克、硫酸钾复合肥（15-15-15）20 千克，再挖深 25 厘米，使土肥掺匀，然后灌水，回土填沟，并用标记标明施肥沟位置。此后再将同样用量的有机肥、腐殖酸型过磷酸钙、硫酸钾复合肥及硫黄粉 20～30 千克/亩，结合整地撒施。

（2）水分管理　日光温室栽培，空气湿度的控制十分重要。经常在垄沟中及四周地面洒水，通过水分蒸发增加湿度，尽量使湿度控制在 80% 左右，过湿、过干都对马蹄莲不利。提高空气湿度时，要防止肥水灌入叶鞘中，以免腐烂。花期后，特别是进入休眠期，要逐渐减少水的供应；植株开完花后，浇水量要逐渐减少；叶片变黄枯萎时，要完全停止浇水。

（3）适时追肥　生长过程中总的原则是"薄肥勤施"。一般种植后头 3～4 周内不追肥，以后每隔 2 周或根据生长状况每隔 10 天左右追肥 1 次。在孕蕾和花期前，适当增施磷、钾肥，每亩追施氮磷钾复合肥（5-20-26）10～15 千克，促花大花艳，同时促使种球增长和分蘖仔球。进入花期追肥数量要增多，可用 0.2% 尿素、0.1% 磷酸二氢钾混合液喷洒叶面 3～4 次。休眠期，要完全停止施肥。生长季节，每半月施稀薄液肥 1 次，当花葶抽出后，要增加到每周 1 次，直到马蹄莲花期结束为止。

另外养护马蹄莲还应注意以下三点：一是心叶忌水湿，平时浇水不留心，使污水滴流入叶心内，易引起软腐病；二是施肥时，切忌肥液淋入叶柄或溅入株心，否则易引起黄叶或腐烂；三是要注意通风，否则会引起叶片发黄和花苞脱落。

（4）叶面追肥　花期叶面喷施 500～1000 倍含腐殖酸水溶肥料或 500～1000 倍含氨基酸水溶肥料或 500 倍高活性有机酸叶面肥，并同时喷施 600 倍活力钾或生物钾叶面肥，或 0.3% 磷酸二氢钾液肥。

4. 盆栽马蹄莲安全高效施肥

（1）盆栽营养土配制　盆土宜选含腐殖质丰富的黏质土。通常盆土是用园土 4 份、泥炭土 3 份、堆肥土 2 份、河沙 1 份配制，也可以采用园土 5 份、堆肥 3 份和适量的草木灰配制。9 月上旬进行栽植。作为盆栽观赏时，可用 12 厘米口径的花盆，每盆栽 1～2 个块茎；用作切花栽培时，可用 18 厘米以上口径的花盆，每盆栽 3～5 个块茎。将块茎均匀地栽入盆内，覆土 1.0～1.5 厘米，随即浇 1 次透水，放于阴凉处。

（2）肥水管理　出苗后将盆移到阳光充足处，每天浇水 1 次，每隔 10 天左右追肥 1 次。肥料用腐熟的豆饼或花生饼用水稀释 10 倍，或经过发酵的鸡粪液用水稀释 20 倍。10 月下旬便把花盆移入温室，放置在光照充足的地方，室温维持在 15℃以上，夜间温度不低于 10℃，到春节前后即可开花。如果室温提高到 20℃左右，并加强肥水管理，花期可提前在元旦前后。开花以后，应逐渐减少浇水，至 4 月中旬可搬出温室，放于稍有阴凉处。当植株老叶开始枯黄时，如若促使植株休眠，便应逐渐停止浇水。待叶片基本枯萎后，便可从盆里倒出，放在通风良好的室内，让叶子里的养分渐次转移到块茎内。叶子全部枯干后，抖去泥土，将大小块茎分开，稍晾干后，分别平铺于盛器内或装入透气的筐内，贮存于阴凉处，并定期检查，防止霉烂。此外，也可以不抖散盆土或不倒出盆外，而是剪去枯叶，歪倒花盆，待到栽植前再从盆中倒出，抖散盆土取出块茎，分别大小重新栽植。

在块茎贮藏期间，如果能够在栽植前 2 个月，转移到 10℃的低温环境中，在秋季种植后，生长发育比一般的要好。

另有一种栽培方法，即在搬出室外后，当老叶发黄时，便将黄叶剪掉，将盆放在荫棚边缘。每次浇水适当减量，保持土壤湿润即可；如遇下雨时，可将花盆侧倒，不让盆内积水，防止块茎因高温潮湿而发生霉烂。待天气凉爽后，植株再度生长时，可逐渐增加水量，恢复施肥，在 10 月下旬再搬进温室培养。

九、荷包花

荷包花（图 1-34）又名蒲包花、元宝花、状元花，原产于智利，现我国各地多有栽培。

图 1-34 荷包花

1.生长习性

荷包花为玄参科蒲包花属一年生草本花卉。荷包花性喜凉爽湿润、通风的气候环境，惧高热，忌寒冷，喜光照，但栽培时需避免夏季烈日暴晒，需庇荫。荷包花对土壤要求严格，忌土湿，以富含腐殖质、通气排水良好的微酸性砂质土壤为好。

2.观赏应用

荷包花花色变化丰富，单色品种有黄、白、红等深浅不同的花色，复色则在各底色上着生橙、粉、褐红等斑点。荷包花由于花形奇特、色泽鲜艳、花期长，所以观赏价值很高。荷包花正值春节应市，奇特的花形，惹人喜爱。荷包花也是很好的礼仪花卉，节日送上一盆鲜红的荷包花，使节日的气氛更为浓厚。若摆放窗台、阳台或客室，红花翠叶，顿时满室生辉，热闹非凡。在商厦橱窗、宾馆茶室、机场贵宾室点缀数盆荷包花，绚丽夺目，蔚为奇趣。荷包花的观赏范围较窄，很少用于园林景点或公园花坛栽培，也极少作为切花瓶插，大多适应在温室作小巧盆栽，供人们家居摆设。

3. 盆栽荷包花安全高效施肥

（1）盆栽营养土配制　栽培荷包花的盆土，要求排水通畅、透气性能好、肥沃。一般可用疏松的园土4份、堆肥土3份、沙2份配合调制，调制时还可以掺些木炭粉，以增强根系抗病能力。

（2）上盆　荷包花幼苗经过移植、长出4~5片真叶时，便可上盆培养。盆栽荷包花的花盆大小，视上盆以后是否还准备换1次盆。准备在植株长大再换1次盆时，第一次栽培的盆径可先上9~12厘米的盆，待荷包花长到7~8叶时，再换入15~18厘米的盆。如果不再换盆，可直接上12~15厘米口径的盆。

（3）肥水管理　移苗上盆前先行浇水，待水完全渗下后，用竹签细心将苗带土掘起移入花盆，浇透水后放在阴凉处缓苗。经3~4天缓苗后，便可给予充足光照，但中午前后的直射强光仍应避免。

1周以后开始追肥，每10天左右1次。每次可用800~1000倍含腐殖酸水溶肥料或含氨基酸水溶肥料溶液、0.1%尿素混合液浇施，或用无害化处理过的充分腐熟的鸡粪、发酵豆饼或花生饼按1：50兑水浇施。如果追施肥料后，出现叶片皱褶厉害、有明显的徒长现象时，应立即停施肥料。出现花葶时，宜追施1次1%过磷酸钙水溶液，以增进花的品质。

荷包花的浇水，宜适当控制，不宜使盆土过湿，一般掌握"不干不浇"的原则。在往盆土里浇水的时候，要设法提高空气湿度。为提高空气湿度，可直接在叶面上洒水，但是由于叶片皱褶不平，易在凹处积水。因此，一定要通风良好，防止洒水后叶面长久地积水，否则不宜叶面洒水。除叶面直接洒水外，还可经常对地面洒水以提高空气湿度。当荷包花长大，叶片覆盖整个花盆时，浇水与追施液肥时，必须用手把叶片掀起，以免沾污叶片引起腐烂。

（4）叶面喷肥　生长期叶面喷施500~1000倍含腐殖酸水溶肥料或500~1000倍含氨基酸水溶肥料或500倍高活性有机酸叶面肥1次。初花期叶面喷施600倍活力钾或生物钾叶面肥，或0.2%磷酸二氢钾液肥。

十、鹤望兰

鹤望兰（图 1-35）又名天堂鸟、极乐鸟花，原产于非洲南部。我国南方大城市的公园、花圃均有栽培，北方则为温室栽培。

图 1-35　鹤望兰

1. 生长习性

鹤望兰为旅人蕉科鹤望兰属多年生常绿草本花卉。鹤望兰属亚热带长日照植物。喜温暖、湿润、阳光充足的环境，畏严寒，忌酷热，忌旱，忌涝。要求排水良好的疏松、肥沃、pH 值为 6～7 的砂壤土。

2. 观赏应用

鹤望兰佛焰苞舟状绿色，边紫红，萼片披针形橙黄色，花瓣箭头状暗蓝色。四季常青，植株别致，具有清晰、高雅之感。鹤望兰花期可达 100 天左右，每朵花可开 13～15 天，一朵花谢，另一朵相继而开。切花瓶插可达 15～20 天之久，插花多用自然式插花，将 2 支鹤望兰高低搭配，在其他花配叶的衬托下，相偎相依，似一对热恋中的情侣在互诉衷肠，是室内观赏的佳品。在我国南方地区如福建、广东、海南、广西、香港和澳门等地，鹤望兰可丛植于院角，用于庭院造景和花坛、花境的点缀。

3.盆栽鹤望兰安全高效施肥

（1）盆栽营养土配制　鹤望兰具有粗壮的肉质根，能贮存养分和水分，叶革质、厚实，叶柄挺直，在短期内缺肥水时，地上部反应不明显。为此，盆栽时应选择高深的花盆。盆土宜采用黏壤土 2 份、腐叶土 1 份、堆肥 1 份和适量的粗砂，或用园土 2 份、泥炭土 1 份、堆肥 1 份和适量粗砂调制。为了增加盆土肥力，在调制盆土中要添加少量充分腐熟的饼粉。

（2）上盆栽植　上盆栽植在 4 月下旬至 5 月上旬，植株从温室移到室外时进行。栽植时先在盆底铺一层碎瓦砾，以利排水，瓦砾上再放豆粒般粗细的粗土和基肥，基肥上再覆盖一薄层细土，然后便可把鹤望兰放入，将肉质根舒展开后再填入盆土，随填随将盆土掺入根系之间，并分层夯紧，使土与根系紧密接触。栽植时还应注意植株深浅。栽植过深影响生长；栽植过浅同样不利于生长，并且头重脚轻容易歪倒。栽植的深度要比原深度深 1 厘米左右，同时盆口稍留高些，以利浇水。

（3）适时追肥　鹤望兰从 5 月中旬开始，每半月施薄肥 1 次，肥料可用腐熟的饼肥水、蹄角片水或鸡粪水。每次可用无害化处理过的充分腐熟的鸡粪、发酵豆饼或花生饼按 1∶30 兑水浇施，或 5％稀粪水、0.2％尿素溶液浇施。进入秋季增施 1～2 次 0.5％腐殖酸型过磷酸钙溶液，会使其花大艳丽。植株于 10 月中、下旬搬进室内越冬，越冬期间停止施肥。

（4）叶面喷肥　4～6 月份叶面喷施 500～1000 倍含腐殖酸水溶肥料或 500～1000 倍含氨基酸水溶肥料或 500 倍高活性有机酸叶面肥 1～2 次。秋季开花前叶面喷施 600 倍活力钾或生物钾叶面肥，或 0.2％磷酸二氢钾液肥。

十一、文殊兰

文殊兰（图 1-36）又名十八学士、文兰树、水蕉、海带七、郁蕉、海蕉、玉米兰、文珠兰、翠堤花，原产于印度尼西亚、苏门答腊等热带地区，我国南方热带和亚热带省区均有栽培。

图 1-36　文殊兰

1. 生长习性

文殊兰为石蒜科文殊兰属多年生草本花卉。文殊兰性喜温暖、潮湿的环境，不耐寒，耐盐碱，忌积水，适于在疏松、排水良好、肥沃的砂壤土中生长。

2. 观赏应用

文殊兰花叶并美，花开之季，白花拥簇，芳香诱人，具有较高的观赏价值。文殊兰既可作园林景区、校园、机关的绿地、住宅小区的草坪的点缀品，又可作庭院装饰花卉，还可作房舍周边的绿篱。如用盆栽，则可置于庄重的会议厅、富丽的宾馆、宴会厅门口等，雅丽大方，满堂生香，令人赏心悦目。

3. 盆栽文殊兰安全高效施肥

（1）盆栽营养土配制　栽培文殊兰的盆土，宜用园土 4 份、堆肥土 3 份和沙 2～3 份的比例配制，或用园土 5 份、腐叶土 3 份、沙土 2 份的比例配制。如果中间换盆，可用原盆中土 8 份、发酵好的羊粪 2 份重新混合配制。

（2）上盆　栽植时先在盆底铺一层碎瓦砾，加少许盆土后再施些基肥（蹄角片、腐熟的粗饼肥）；肥料上覆土后放入植株，把根系均匀展开便可填土；填土时将植株轻轻提起，使盆土充实到根系的间隙内，然后从盆边镇压使盆土和根系紧密结合。栽好后浇透水，放于半阴处养护。

（3）水分管理　文殊兰是喜欢水分充足的植物，因此在生长期中，每次浇水都可浇透。在夏季开花期间，除向盆中浇水外，还应向地面喷水提高空气湿度。秋季气温逐渐凉爽，植株生长缓慢，浇水时应适当控制水量。随着植株停止生长，浇水则可隔几天浇 1 次，即见盆土表面发干时再浇，此时盆土持水过多容易发生烂根。

（4）施肥管理　文殊兰根系发达，生长期吸肥能力强，开花前后以及开花期更需要充足的肥料。

如果用发酵好的羊粪土换土栽培的文殊兰，当年不用单独施肥。第 2～3 年，应该在开花前施 1 次复合花肥，可用无害化处理过的充分腐熟的鸡粪、发酵豆饼或花生饼按 1∶50 兑水浇施，或 5％稀粪水、0.2％尿素溶液浇施。花葶抽出前增施 1～2 次 0.5％腐殖酸型过磷酸钙溶液。以后年份，从 5 月上旬开始，每隔 2 周施 1 次液肥，每次可用无害化处理过的充分腐熟的鸡粪、发酵豆饼或花生饼按 1∶20 兑水浇施，或 8％稀粪水、0.3％尿素溶液浇施。追肥宜淡忌浓，浓肥对植株有害无益。9 月中旬以后便停止施肥。

在生长期中，应随时清除基部枯、黄、老叶及剪去枯焦的叶尖。花后应及时从基部剪除花葶。盛夏季节应防止烈日直射，置盆于荫棚或树荫边沿。10 月中旬便可将盆搬进室内。冬季室温应维持在 10℃左右，适当控制浇水，保证有较好的光照，以延长叶片的寿命。

（5）叶面喷肥　4～7 月叶面喷施 500～1000 倍含腐殖酸水溶肥料，或 500～1000 倍含氨基酸水溶肥料，或 500 倍高活性有机酸叶面肥1～2次。开花前叶面喷施 600 倍活力钾或生物钾叶面肥，或 0.2％磷酸二氢钾液肥。

十二、四季海棠

四季海棠（图 1-37）别名蚬肉秋海棠、玻璃翠、四季秋海棠、瓜子海棠，原产于南美洲，现我国各地均有栽植，是目前栽培最普通的一种秋海棠。

图 1-37　四季海棠

1.生长习性

四季海棠为秋海棠科秋海棠属多年生常绿草本。四季海棠性喜阳光，稍耐阴，怕寒冷，喜温暖，喜稍阴湿的环境和湿润的土壤，但怕热及水涝，夏天应注意遮阴、通风排水。四季海棠宜在湿润、排水良好的砂质土壤中生长。

2.观赏应用

四季海棠花有橙红色、桃红色、淡红色、白色或玫瑰色，株姿秀美，叶色油绿光洁，花朵玲珑娇艳，花期特长，几乎全年都能开花，但以秋末、冬季、春季较盛，广为大众喜闻乐见，作盆栽观赏，已历千年。寒凉季节摆放案几，室内一派春意盎然，春夏放在阳台檐下，更现活泼生机。四季海棠均作室内盆栽，温室及普遍房间均可生长。因其花时美丽娇嫩，适于庭、廊、案几、阳台、会议室台桌、餐厅等处摆设点缀。

3. 盆栽四季海棠安全高效施肥

（1）盆栽营养土配制　盆栽营养土按园土、泥炭土、有机肥比例为5∶3∶2进行配制；也可用泥炭土或腐叶土4份、园土4份、沙2份配成，并加入适量的厩肥、过磷酸钙及复合肥。

（2）播种　播种繁殖四季都可进行，但以早春及秋季为宜。播种前先将营养土准备好，装入播种容器中，洒水使之湿润，并轻轻压平，然后用细木棍等细长物，横向每隔1～2厘米压出一条播种带，为确保播种的均匀度，种子应拌干净的细砂后再进行播种。因种子相当小，播种后浇水应特别小心，一般采用弥雾法补水，以免冲走种子或冲倒幼苗。

（3）苗期管理　苗期注意湿度控制。当第一片真叶有手指甲那么大时即可开始间断控水，促进长根。根系生长前期较地上部要慢，在子叶圆形贴地时可用50毫克/升硝酸钾溶液＋50毫克/升过磷酸钙溶液喷洒，每5～7天施1次肥。当真叶2～3片时可假植到104孔的穴盘。当真叶4～5片时假植到78孔的穴盘或7厘米的盆中。介质可用泥炭土或腐叶土1份、园土1份、沙1份配成，并加入适量的厩肥、过磷酸钙及复合肥。假植后放于遮阴处，保持较大的湿度，特别是空气湿度，介质要保持湿润，但不要放于强光下照射（中午需遮阴）。假植成活后的土壤介质要保持间干间湿。后期苗的生长较快，施肥应本着"薄肥勤施"的原则。在苗开始出现花蕾时上盆。

（4）栽培水分管理　在春、秋季生长旺盛期，土壤需要含有较多的水分，浇水要及时，保持湿润。浇水工作的要求是"二多二少"，即春、秋季节是生长开花期，水分要适当多一些，盆土稍微湿润一些；夏季和冬季是半休眠或休眠期，水分可以少些，盆土稍干些，特别是冬季更要少浇水，盆土要始终保持稍干状态。浇水的时间在不同的季节也要注意。冬季浇水在中午前后阳光下进行；夏季浇水要在早晨或傍晚进行为好，这样气温和盆土的温差较小，对植株的生长有利。浇水的原则为"不干不浇，干则浇透"。

四季海棠喜欢湿润的环境，但在炎热的夏季则以盆土稍湿润为宜。浇水不要固定一天浇几次或几天浇一次，而要随时注意观察盆土的干湿状况，见到盆土发白时即可浇水，水量不宜过多。浇水时间以 9 时前后为好，尽可能不干不浇，浇则浇透，但也不能等完全干透了再浇。

（5）栽培施肥管理　春、秋季生长期需掌握"薄肥勤施"的原则，主要施腐熟、无异味的有机薄肥水或无机肥浸泡液。在幼苗发棵期多施氮肥，促长枝叶；在现蕾开花期多施磷肥，促使多孕育花蕾，花多又鲜艳。如果缺肥，植株会枯萎，甚至死亡。

在生长期每隔 10～15 天施 1 次 20% 腐熟发酵的豆饼水，或菜籽饼水，或鸡鸽粪水，或人粪尿液肥即可。施肥时，要掌握"薄肥勤施"的原则。如果肥液过浓或施未完全发酵的生肥，会造成肥害，轻者叶片发焦，重则植株枯死。施肥后要用喷壶在植株上喷水，以防止肥液沾在叶片上而引起黄叶。生长缓慢的夏季和冬季，少施或停止施肥，可避免因茎叶发嫩和减弱抗热及抗寒能力而发生腐烂病症。

四季海棠的夏季施肥，要按新老植株来区别对待。上一年秋季繁殖的新株，可在每茬花后施些腐熟的稀薄饼肥水，肥水比以 1∶5 为宜，每周 1 次，连施 2 次，2 周后可再度开花。多年生的老株或长势弱的植株，当温度在 25℃ 以上时，需停止施肥，待伏天过后再行施肥，以迎来第二个开花旺季。

（6）叶面喷肥　春季和秋季可叶面喷施 500～1000 倍含腐殖酸水溶肥料，或 500～1000 倍含氨基酸水溶肥料，或 500 倍高活性有机酸叶面肥 1～2 次。花期叶面喷施 600 倍活力钾或生物钾叶面肥，或 0.2% 磷酸二氢钾液肥。

十三、三色堇

三色堇（图 1-38）别名三色堇菜、猫儿脸、蝴蝶花、人面花、猫脸花、阳蝶花、鬼脸花，原产于欧洲北部，我国南北方栽培普遍。

图 1-38 三色堇

1. 生长习性

三色堇为堇菜科堇菜属二年或多年生草本植物。三色堇较耐寒，喜凉爽，喜阳光，忌高温和积水，耐寒抗霜。三色堇喜肥沃、排水良好、富含有机质、pH 为 5.5～7.5 的中性壤土或黏壤土。

2. 观赏应用

三色堇花通常有紫、白、黄三色，花形精美，花瓣常具丝绒质感，花色鲜艳而富有趣味性，被花卉爱好者誉为"跳跃的小精灵"。三色堇花朵醒目，开花早，是优良的春季花坛材料。三色堇在庭院布置上常地栽于花坛上，可作毛毡花坛、花丛花坛，成片、成线、成圆镶边栽植都很相宜，还适宜布置花境、草坪边缘。不同的品种与其他花卉配合栽种能形成独特的早春景观。另外，三色堇也可盆栽或布置阳台、窗台、台阶或点缀居室、书房、客堂，颇具新意，饶有雅趣。

3. 地栽三色堇安全高效施肥

（1）苗期肥水管理 三色堇育苗过程大体分为四个阶段：

① 第一阶段（3～7 天） 三色堇从播种到胚根出现，要保持穴盘土较湿（表面能看出来水分且触摸感觉明显湿润），在温室中可用喷雾系统维持湿度。

② 第二阶段（约 7 天） 当进入第二阶段后，穴盘就要降低湿度，土壤自然保持湿润（表面看不到水分，但触摸感觉明显湿润，介质颜色不变浅）。在这一阶段最后开始轻微补肥，使土壤 pH 值为 5.5～5.8，EC 值低于 0.75，许多种植者用复合液肥（14-0-14 或 15-0-15）同复合液肥（20-10-20）交替使用。

③ 第三阶段（14～21 天） 子叶扩展到所有小苗真叶生长为第三阶段。此阶段增加施肥量，建议控制使用复合液肥（20-10-20），使土壤 pH 值为 5.5～5.8。

④ 第四阶段（约 7 天） 第四阶段是从大部分植株已培育出所有真叶到移植或售出为止。这一阶段目标是把植株培育成最适合移栽或运输的状态，施肥量要减少，土壤 pH 值应为 5.5～5.8，土壤 EC 值应低于 0.75，避免施用铵态氮肥。移植后 3～5 天，穴盘苗可发根。

（2）生长期肥水管理

① 水分管理 三色堇喜微潮偏干的土壤环境，不耐旱。生长期要保持土壤湿润，冬天应偏干，每次浇水要见干见湿。植株开花时，保持充足的水分对花朵的增大和花量的增多都是必要的，在气温较高、光照强的季节要注意及时浇水。

② 施肥管理 三色堇宜薄肥勤施。当真叶长出两片后，可开始施用氮肥，早期喷施 0.1% 尿素，或 500～1000 倍含腐殖酸水溶肥料，或 500～1000 倍含氨基酸水溶肥料，或 500 倍高活性有机酸叶面肥。临近花期可增施磷肥，开花前施 3 次稀薄的复合液肥，孕蕾期增施 2 次 0.2% 磷酸二氢钾溶液，开花后可减少施肥。生长期

每 10～15 天追施 1 次腐熟液肥，生育期每 20～30 天追肥 1 次。每次可用无害化处理过的充分腐熟的鸡粪、发酵豆饼或花生饼按 1∶30 兑水浇施，或 8% 稀粪水、0.3% 尿素溶液浇施。

③ 补充中微量元素肥料　生产中还要注意三色堇由于微量元素的缺乏而引起的病症。一是硼元素的缺乏，如果缺硼，则会导致新叶变厚，皱缩成杯状，但仍然是绿色的，生长点会坏死并在分生组织下形成许许多多小分枝，整个生长过程中可喷施 0.1%～0.2% 硼砂或 1500 倍活力硼叶面肥 1～2 次；二是铁元素的缺乏，如果缺铁，会导致新叶叶脉间失绿，可以每隔一两周喷施 0.3%～0.5% 硫酸亚铁或螯合铁溶液；三是钙元素的缺乏，如果缺钙，会导致叶片畸形、起皱，可喷施 1500 倍活力钙叶面肥。

十四、矮牵牛

矮牵牛（图 1-39）又名碧冬茄、灵芝牡丹、草牡丹、毽子花、矮喇叭、番薯花，原产于南美地区，现我国各地多有栽培。

图 1-39　矮牵牛

1. 生长习性

矮牵牛为茄科碧冬茄属多年生草本，常作一二年生栽培。矮牵牛喜温暖和阳光充足的环境，不耐霜冻，怕雨涝，适宜在疏松、肥沃和排水良好的砂壤土上生长。

2. 观赏应用

矮牵牛花有白、紫或各种红色，并镶有其他色边。花形变化多端，姿态飘逸，花色艳丽多彩，花大繁盛，花期长，是优良的花坛和种植钵花卉，也可自然式丛植，还可作为切花。矮牵牛，气候适宜或温室栽培可四季开花，可以广泛用于花坛布置，花槽配置，景点摆设，窗台点缀，家庭装饰。

3. 盆栽矮牵牛安全高效施肥

（1）盆栽营养土配制 营养土要求疏松透气，富含有机质。营养土配制：园土 30%、黄沙 50%、腐殖质 20%，掺入少量鸡粪；或园土 20%、河沙 30%、腐叶土 40%、有机肥 10%。营养土要混合均匀，使土、肥、水充分融合，湿度以"手捏成团，弹指即散"为宜，并喷施适量药剂杀虫灭菌。

（2）上盆栽植 当播种苗长到 6～8 叶，用手端起穴盘可见幼苗露出毛细根时即可定植；扦插苗在插穗生根后移植。选用 12 厘米×13 厘米规格的营养钵，矮牵牛一般移植 1 次，所以称为定植。因矮牵牛根系细弱，移植后恢复较慢，故宜在小苗时尽早移植，且移植过程中注意勿使土坨散碎，并与营养土紧密接触，以利于成活。栽后立即灌 1 次水。

（3）水分管理 矮牵牛幼苗纤嫩，根系浅、少，抗旱能力弱，必须经常保持基质湿润。苗期灌水，要坚持少量多次。用喷雾器喷水，应防冲倒幼苗或将泥浆溅在叶片上。夏季为矮牵牛生长旺盛期，需要充足水分，高温季节置于室外的矮牵牛需早、晚灌水。盆土过湿，茎叶易徒长，花少，花朵易褪色，若长期积水，则烂根死亡。矮牵牛灌水应始终遵循"不干不灌，灌则灌透"的原则。

（4）施肥管理 每周向叶面喷施 500～1000 倍含腐殖酸水溶肥料，或 500～1000 倍含氨基酸水溶肥料，或 500 倍高活性有机酸叶面肥，或 0.1% 尿素和 0.1% 磷酸二氢钾的混合肥料，以促使植株根系健壮、枝叶茂盛和分化出较多花芽。当植株有花蕾时，每周向叶面喷施 1 次 0.2％磷酸二氢钾的复合肥，视其生长状况适当追施氮肥。

十五、金鱼草

金鱼草（图 1-40）又名龙头花、狮子花、龙口花、洋彩雀，原产于地中海沿岸地区，现我国各地均有栽培。

图 1-40　金鱼草

1. 生长习性

金鱼草为玄参科金鱼草属多年生草本植物。金鱼草喜阳光，也能耐半阴，较耐寒，不耐酷暑。金鱼草适生于疏松肥沃、排水良好的土壤，在石灰性土壤中也能正常生长。

2. 观赏应用

金鱼草花有白、淡红、深红、肉色、深黄、浅黄、黄橙等色，花色浓艳，花形奇特，花序大，花期长，夏秋开放，深受人们喜爱，在我国园林广为栽种，适合群植于花坛、花境，与百日草、矮牵牛、万寿菊、一串红等配置效果尤佳。高生品种可用作背景种植，矮生品种宜栽岩石园或窗台花池，或边缘种植。此花亦可作切花。

3.盆栽金鱼草安全高效施肥

（1）盆栽营养土配制 一般用腐熟的有机肥（牛粪）、食用菌废料、园土按 1∶2∶3 的比例混合配成，也可用 7 份腐殖土加 3 份园土混合配成。

（2）上盆定植 当幼苗具有 3～4 片真叶时即可定植。定植采用直径 15 厘米、高 13 厘米或直径 14 厘米、高 14 厘米的营养钵盆。定植后浇透水，放置在通风、光照充足的地方，盆间距保持在 5～10 厘米。金鱼草喜光照充足条件，光照不足时往往植株徒长，花芽分化少，开花质量明显降低，因此应注意场地的选择。

（3）摘心调控 当金鱼草幼苗长至 10 厘米左右时（即主茎有 4～5 节），为了缩短植株高度、增加侧枝数量、增加花朵数，可作摘心处理。为了增加分枝，在栽培中需及时摘心，尤其对中高型品种更为重要。一般在苗高 12 厘米左右时摘心，植株长到 20 厘米时再摘心 1 次，这样可促使侧枝生长、植株矮化。

金鱼草除用不同的播种期、栽培法来调节开花期外，还可以用摘心和使用生长调节物质来矮化植株和调节花期。通过摘心，一方面可促使金鱼草多分枝、多开花，另一方面可延长开花期 18 天左右，因此在需花上市前 20 天左右可进行最后一次摘心。在摘心后 10 天喷洒 0.05%～0.1% 比久，对植株有显著矮化效果。在幼苗期喷洒 0.25%～0.4% 比久，可提早开花，花朵紧密。若喷洒 0.4%～0.8% 比久 2～4 次，可推迟开花。

（4）肥水管理 开花后可齐土剪去地上部分，浇 1 次透水，约经一周后便可萌发新枝，然后每隔 10 天左右施 1 次稀薄液肥至花蕾形成。可用无害化处理过的充分腐熟的鸡粪、发酵豆饼或花生饼按 1∶30 兑水浇施，或 8% 稀粪水、0.3% 尿素溶液浇施。平时需注意适量浇水，夏天要适当遮阴降温，这样秋天又可开花。

进入花芽分化阶段应增加磷、钾肥的用量，用 0.5%～1% 磷酸二氢钾溶液喷洒更佳，花期可适当喷施 2～3 次。

4.地栽金鱼草安全高效施肥

株高在 50 厘米以上的金鱼草品种多作切花用，并露地栽培。供切花用的品种在生长过程中应随时摘除侧枝、侧芽，使养分集中在主枝上，但随着花枝生长要及时用细竹绑扎，使其挺直。

（1）栽植基肥　由于金鱼草喜阳，因此种植时要选择阳光充足、土壤疏松肥沃、排水良好的地方。在栽植前应先翻耕土地并施入基肥。每亩施生物有机肥 50～70 千克，或商品有机肥 100～150 千克，或无害化处理过的腐熟的牛圈粪 1000～1500 千克，或无害化处理过的腐熟的猪圈粪 1000～1500 千克，或无害化处理过的腐熟的堆肥 2000～3000 千克，并配施长效缓释复混肥（24-16-5）15～20 千克。

（2）生长期肥水管理　平时需注意清除杂草，这样有利于金鱼草生长开花。金鱼草是一种喜肥的花卉植物，幼苗生长缓慢。定植后要浇 1 次透水，以后视天气情况而定浇水，防止土壤过干与过湿。

在金鱼草生长期施 2 次以氮肥为主的稀薄饼肥水或液肥，可促使枝叶生长，但注意施肥不能过多，否则会引起徒长，影响开花。每次可用无害化处理过的充分腐熟的鸡粪、发酵豆饼或花生饼按 1：30 兑水浇施，或 8％稀粪水、0.3％尿素溶液浇施。

孕蕾期施 1～2 磷以、钾肥为主的稀薄液肥，有利于花色鲜艳。每亩追施氮磷钾复合肥（5-20-26）10～15 千克兑水 50 倍浇施。

雨后要注意排涝，花后可齐地剪去地上部分，浇 1 次透水，之后需注意肥水管理，夏天适当遮阴降温，这样秋天又能开花。

（3）叶面喷肥　生长前期可叶面喷施 500～1000 倍含腐殖酸水溶肥料，或 500～1000 倍含氨基酸水溶肥料，或 500 倍高活性有机酸叶面肥 1～2 次。花期叶面喷施 600 倍活力钾或生物钾叶面肥，或 0.2％磷酸二氢钾液肥。

十六、百日草

百日草（图 1-41）又名步步登高、步步高、火球花、对叶菊、秋罗，原产于墨西哥，现我国各地均有栽培。

1.生长习性

百日草为菊科百日草属一年生草本花卉。百日草喜温暖，不耐寒，喜阳光，怕酷暑，生长强健，耐干旱，耐瘠薄，忌连作。宜在疏松、排水良好、肥沃的深土层土壤中生长。

图 1-41 百日草

2.观赏应用

百日草花期很长，有深红色、玫瑰色、紫堇色或白色。花大色艳，开花早，株形美观，花朵随植株生长节节升高、陆续开放；长期保持鲜艳的色彩，象征友谊天长地久，更有趣的是，百日草第一朵花开在顶端，侧枝顶端开的花比第一朵开得更高。百日草可按高矮分别用于花坛、花境、花带，也常用于盆栽。

3.地栽百日草安全高效施肥

（1）定植基肥　当百日草小苗有2～3片真叶时移植，5月中下旬定植。定植时整地施入腐熟有机肥作基肥。雨水较多的湿润地区，以高垄栽培为佳；而雨水较少的干旱地区，为便于浇水，可用平

畦栽培。一般每亩施生物有机肥 50～80 千克，或商品有机肥 100～150
千克，或无害化处理过的腐熟的牛圈粪 1000～1500 千克，或无害
化处理过的腐熟的猪圈粪 1000～1500 千克，或无害化处理过的腐熟
的堆肥 1500～2000 千克，并配施长效缓释复混肥（24-16-5）10～15
千克。定植后应适时浇足水。

（2）适时浇水追肥　整个生育期不宜多浇水，掌握见干见湿的
尺度。在高温雨季，百日草长势变弱，要注意排涝降湿。通常每浇
2～3 次水追 1 次肥，以多元素复合肥为主，最好不单独使用氮肥。
每次可追施腐殖酸涂层缓释肥（15-10-15）10～15 千克，肥料用量
要从少到多逐渐增加。如发现花瓣颜色光泽度下降，需马上追肥，
可地面穴施。

（3）叶面喷肥　生长前期可叶面喷施 600～800 倍含腐殖酸水
溶肥料，或 600～800 倍含氨基酸水溶肥料，或 600 倍高活性有机
酸叶面肥 1～2 次。花期叶面喷施 800 倍活力钾或生物钾叶面肥，
或 0.1％磷酸二氢钾液肥。

4. 盆栽百日草安全高效施肥

（1）盆栽营养土配制　盆栽百日草，用 70％非菊科作物的菜田
土、20％泥炭、10％左右农家肥即可。如果有条件，用泥炭土和珍
珠岩按（2～3）∶1 的比例混合作为栽培基质；也可根据实际情况
加适量蛭石、发酵树皮、锯木屑或岩棉等效果更佳。

（2）水分管理　盆栽可选用 8 寸盆，最好先上盆，而后放入小
池等中吸水。这样的苗子缓苗快，效果好。池中水面不能太高，以
不淹没花盆为度。上盆定植后，浇 1 次透水，以后保持盆土微潮偏
干。浇水过多，容易徒长，影响根系生长，开花不良。

（3）施肥管理　在定植前，可以施用腐熟鸡粪作为基肥，用量
为每盆 20～30 克，并将基肥与营养土均匀混合。在生长旺盛期，
每隔 10 天左右施 1 次磷、钾肥为主的肥料，每盆施氮磷钾复合肥
（5-20-26）10～15 克，兑水 50 倍浇施，防止徒长，促进植株健壮，
开花繁茂。

当百日草孕蕾后，每周追施一次稀薄液体肥料，可用无害化处

理过的充分腐熟的鸡粪、发酵豆饼或花生饼按 1∶50 兑水浇施，直至开花。花后及时将残花从花茎基部（留 2 对叶）剪去，修剪后追肥 2～3 次，保证植株生长所需的肥水，以延长整体花期，每盆施氮磷钾复合肥（5-20-26）10～15 克，兑水 50 倍浇施。

百日草不耐酷暑，进入 8 月会出现开花稀少、花朵较小的现象，需加强灌溉。百日草为喜硝态氮的植物，因此最好使用硝酸钾这类氮肥，但要避免施用过多，否则容易造成徒长。

（4）叶面喷肥　生长前期可叶面喷施 600～800 倍含腐殖酸水溶肥料，或 600～800 倍含氨基酸水溶肥料，或 600 倍高活性有机酸叶面肥 1～2 次。花期叶面喷施 800 倍活力钾或生物钾叶面肥，或 0.1％磷酸二氢钾液肥。

十七、鸡冠花

鸡冠花（图 1-42）别名鸡髻花、老来红、芦花鸡冠、笔鸡冠、小头鸡冠、凤尾鸡冠、大鸡公花、鸡角根、红鸡冠。原产于非洲、美洲热带和印度，世界各地广为栽培。在我国各省（自治区、直辖市）均可栽培。

图 1-42　鸡冠花

1. 生长习性

鸡冠花为苋科青葙属一年生直立草本花卉，喜温暖干燥气候，怕干旱，喜阳光，不耐涝，但对土壤要求不严，一般庭院土壤都能种植。

2. 观赏应用

鸡冠花的品种多，株型有高、中、矮 3 种，形状有鸡冠状、火炬状、绒球状、羽毛状、扇面状等，花色有鲜红色、橙黄色、暗红色、紫色、白色、红黄相杂色等，叶色有深红色、翠绿色、黄绿色、红绿色等，极其好看，为夏秋季常用的花坛用花。

3. 地栽鸡冠花安全高效施肥

（1）定植基肥　种植地应选在地势高、向阳、肥沃、排水良好的砂质壤土中。一般每亩施生物有机肥 50～100 千克，或商品有机肥 100～150 千克，或无害化处理过的腐熟的牛圈粪 1000～1500 千克，或无害化处理过的腐熟的猪圈粪 1000～1500 千克，或无害化处理过的腐熟的堆肥 1500～2000 千克。定植后应适时浇足水。

（2）移栽定植　定植距离依品种而定，20～60 厘米不等。植于花坛内的株距一般为 15 厘米。栽植时略深，仅留子叶在土面上。移栽时带好土球，栽后要浇透水，7 天后开始施肥，每隔 10～15 天施 1 次液肥。每次可用无害化处理过的充分腐熟的鸡粪、发酵豆饼或花生饼按 1∶50 兑水浇施，或 5％稀粪水、0.1％尿素溶液浇施。矮生多分枝的品种，在定植后应进行摘心，以促进分枝；而直立、少分枝的品种不必摘心。

（3）施肥浇水　在生长期间浇水不能过多，以湿润偏干为宜，防止徒长不开花或迟开花。花序形成前，要保持一定的干燥，以利花序早日出现。花蕾形成后应浇透水，可每 7～10 天施 1 次稀薄的复合液肥，每次可用充分腐熟的鸡粪、发酵豆饼或花生饼按 1∶30 兑水浇施，或用腐殖酸涂层缓释肥（15-10-15）按 1∶50 兑水浇施。开花后控制浇水，天气干旱时适当浇水，雨后及时排水。生长后期增施磷肥，可用 0.5％腐殖酸型过磷酸钙液肥浇施，促使其生长健壮和花序硕大。在种子成熟阶段宜少浇肥水，以利种子成熟，并使其在较长时间保持花色浓艳。

（4）叶面喷肥 花期可叶面喷施 600～800 倍含腐殖酸水溶肥料或 600～800 倍含氨基酸水溶肥料或 600 倍高活性有机酸叶面肥，并配合叶面喷施 800 倍活力钾或生物钾叶面肥，或 0.1% 磷酸二氢钾液肥。

十八、凤仙花

凤仙花（图 1-43）又名指甲草、急性子、凤仙透骨草，原产于中国、印度、马来西亚等国，现我国各地广为栽培。

图 1-43 凤仙花

1. 生长习性

凤仙花为凤仙花科凤仙花属一年生草本花卉。凤仙花性喜阳光，怕湿，耐热不耐寒。凤仙花喜向阳的地势和疏松肥沃的土壤，在较贫瘠的土壤中也可生长。

2. 观赏应用

凤仙花茎枝透明似玻璃，叶片光亮如翡翠，花色艳丽多彩，芳香诱人，花期长，凤仙花如鹤顶、似彩凤，姿态优美，妩媚悦人。花的颜色多样，有白、红、粉红、大红、紫、粉紫色等。香艳的红色凤仙和娇嫩的碧色凤仙都是早晨开放，因而早晨是欣赏凤仙花的最佳时机。花瓣加入明矾可作为天然染料，染红指甲。凤仙花可地栽于花坛、花径、篱旁、庭院等处，也可盆栽，美化居室、阳台等，富有观赏情趣。

3.地栽凤仙花安全高效施肥

（1）**整地施肥** 播种前将地翻松，捡除石块等杂物，将地整平，基施腐熟有机肥后做畦，北方做平畦，南方可做高畦。一般每亩施生物有机肥 50～80 千克，或商品有机肥 100～150 千克，或无害化处理过的腐熟的牛圈粪 1000～1500 千克，或无害化处理过的腐熟的猪圈粪 1000～1500 千克，或无害化处理过的腐熟的堆肥 1500～2000 千克。

（2）**松土除草** 当苗高 10 厘米左右时间苗，并结合松土除草，将根部培土，以防倒伏。当苗高 15 厘米左右时，松土 1 次，保持土壤干松，促使植株扎根、茎秆粗壮。幼苗期要保持土壤湿润，花期不可缺水，遇干旱须及时浇水，但高温多雨季节应注意及时排水防涝。

（3）**适时追肥** 当苗高 40 厘米左右时，可去掉植株下部的老叶，摘去顶尖，促其多发枝。此时可适当浇施稀粪水，肥不宜过浓，否则易引起根和茎的腐烂。开花前追施 1 次腐熟的厩肥，每株 1 千克左右，在植株旁开沟施入后覆土，施肥后浇水。

（4）**叶面喷施** 苗期可叶面喷施 600～800 倍含腐殖酸水溶肥料，或 600～800 倍含氨基酸水溶肥料，或 600 倍高活性有机酸叶面肥。花期叶面喷施 800 倍活力钾或生物钾叶面肥，或 0.1% 磷酸二氢钾液肥。

十九、虞美人

虞美人（图 1-44）别名丽春花、赛牡丹、满园春、仙女蒿、虞美人草、舞草，原产于欧洲，我国各地常见栽培。

图 1-44 虞美人

1. 生长习性

虞美人为罂粟科罂粟属一年生草本花卉。虞美人耐寒，怕暑热，喜阳光充足的环境，不耐移栽，忌连作与积水，喜排水良好、疏松、肥沃的砂壤土。

2. 观赏应用

虞美人的花多彩丰富，花色有紫红、大红、朱砂红、白色等。开花时薄薄的花瓣质薄如绫，光洁似绸，轻盈的花冠似朵朵红云、片片彩绸，虽无风亦似自摇，风动时更是飘然欲飞，颇为美观。虞美人花期也长，适用于花坛、花境栽植，也可盆栽或作切花用。在公园中成片栽植，景色非常怡人。清代许姓女诗人写有《虞美人》七绝诗："君王意气尽江东，贱妾何堪入汉宫；碧血化为江上草，花开更比杜鹃红。"清代吴嘉纪写有《虞美人花》诗："楚汉今俱没，君坟草尚存。几枝亡国恨，千载美人魂。影弱还如舞，花娇欲有言。年年持此意，以报项家恩。"

3. 地栽虞美人安全高效施肥

（1）播种施肥 虞美人对土壤要求不严，但以疏松、肥沃的砂壤土最好。春播一般在早春土地解冻时播种，多采用条播。虞美人种子细小，因此播种时土壤要整平、打细，播种后不必覆土，或薄薄地盖上一层细沙土，再盖上草帘，时常浇水以保持温、湿度。当幼苗长至 3～5 片真叶时可移栽。虞美人对肥水要求不高，但忌大肥大水和土壤积水。一般播种整地前，可每亩施生物有机肥 50～70千克，或商品有机肥 80～100 千克，或无害化处理过的腐熟的牛圈粪 1000～1200 千克，或无害化处理过的腐熟的猪圈粪 1000～1200千克，或无害化处理过腐熟的堆肥 1200～1500 千克。

（2）肥水管理 虞美人喜阳光充足的条件，耐旱、耐寒，容易栽培，对土壤和肥料的要求不严格，在排水良好的砂壤土及充足的肥料条件下生长最佳。生育期间浇水不宜多，以保持土壤干燥的状态发育较好。施肥不能过多，否则植株徒长，引起倒伏。一般播前深翻土地，施足基肥，在孕蕾开花前再施 1～2 次稀薄饼肥水即可，每次可用充分发酵豆饼或花生饼按 1：50 兑水浇施。花期忌施肥。

（3）中耕除草 一年可以进行 2 次，第 1 次在幼苗期，第 2 次在夏季杂草生长旺盛期。若大规模种植，只需浅耕 1 次，勿伤根茎。除草后适当培土，结合追肥，可促根系发育，防止倒伏，且抗干旱。

（4）叶面喷肥 生长前期可叶面喷施 600～800 倍含腐殖酸水溶肥料，或 600～800 倍含氨基酸水溶肥料，或 600 倍高活性有机酸叶面肥。

二十、万寿菊

万寿菊（图 1-45）别名臭芙蓉、万寿灯、蜂窝菊、臭菊花、蝎子菊、金菊花，原产于墨西哥及中美洲地区，现我国各地广为栽培。

1. 生长习性

万寿菊为菊科万寿菊属一年生草本花卉，为喜光性植物。万寿

图 1-45 万寿菊

菊对土壤要求不严,以肥沃、排水良好的砂壤土为好。

2.观赏应用

万寿菊舌状花呈黄色或暗橙色,管状花的花冠呈黄色。万寿菊花茎大、花期长、分枝多、颜色醒目。舌状花层层相叠,边缘波状,非常美丽。常用来点缀花坛、广场,布置花丛、花境和培植花篱。中、矮生品种适宜作花坛、花径、花丛材料,也可作盆栽;植株较高的品种可作背景材料或切花。

3.地栽万寿菊安全高效施肥

(1)整地施肥 万寿菊对土壤要求不严,应选土层深厚、疏松、排水透气好的土壤。耙深20~25厘米,使表层土壤绵软细碎,田面平整。可每亩施生物有机肥50~70千克,或商品有机肥80~100千克,或无害化处理过的腐熟的牛圈粪1000~1200千克,或无害化处理过的腐熟的猪圈粪1000~1200千克,或无害化处理过的腐熟的堆肥1200~1500千克,并配施三元复混肥(15-15-15)10~15千克。为了防止万寿菊在中后期倒伏,应采取垄沟施肥,再用犁旋土混拌,在沟内定植的方法,后期蹚土起垄,可有效防止倒伏。

(2)移栽定植 当万寿菊苗茎粗0.3厘米、株高15~20厘米、出现 3～4 对真叶时即可移栽。采用宽窄行种植，大行 70 厘米、小行 50 厘米，株距 25 厘米，每亩留苗 4500 株，按大小苗分行栽植。采用地膜覆盖，以提高地温，促进提早开花。移栽后要大水漫灌，促使早缓苗、早生根。

（3）适时追肥　及时铲除田间杂草，尽量不使用化学除草剂。当万寿菊顶蕾直径长至 0.5～0.8 厘米时，打掉包括主蕾在内的较大的 1～3 个花蕾，以缓解植株长势，使根冠更加强大、开花大且较集中。结合除草蹲土，将第一分枝基部的 1/3 埋入土中。土质较贫瘠的地块结合蹲土每亩施三元复合肥（15-15-15）10 千克、增效尿素 5 千克。

（4）叶面喷施　生长前期可叶面喷施 600～800 倍含腐殖酸水溶肥料，或 600～800 倍含氨基酸水溶肥料，或 600 倍高活性有机酸叶面肥。花期叶面喷施 800 倍活力钾或生物钾叶面肥，或 0.3％磷酸二氢钾液肥，并配施 0.2％尿素液肥。

第三节

宿根观花类花卉安全高效施肥技术

一、菊花

菊花（图 1-46）别称寿客、金英、黄华、秋菊、陶菊、日精、女华、延年、隐逸花，原产于我国，现为世界各国普遍栽培的重要花卉。我国栽培的菊花品种已逾 3000 种。

1. 生长习性

菊花为菊科菊属多年生草本花卉。菊花性喜温暖、光照，耐干旱，怕积水，在疏松、肥沃、保水力强、中性偏酸（pH 值为 6.2～6.7）的土壤中生长最佳。

2. 观赏应用

菊花是中国"十大名花"之一，花中四君子之一，也是世界四大切花之一，产量居首位。花色有红、黄、白、橙、紫、粉红、暗

图1-46　菊花

红等，花型因品种而有单瓣、重瓣、钩环、垂珠、毛刺、平瓣、匙瓣等。中国人有重阳节赏菊和饮菊花酒的习俗。唐代孟浩然写有《过故人庄》："待到重阳日，还来就菊花"。在古神话传说中，菊花还被赋予了吉祥、长寿的含义。

菊花生长旺盛，萌发力强，一株菊花经多次摘心可以分生出上千个花蕾。有些品种的枝条柔软且多，便于制作各种造型，组成菊塔、菊桥、菊篱、菊亭、菊门、菊球等形式精美的造型。菊花又可培植成大立菊、悬崖菊、十样锦、盆景等，形式多变，蔚为奇观，为每年的菊展增添了无数的观赏艺术品。

菊花广泛应用于花坛、花境、岩石园、地被等，盆栽深受我国人民喜爱，案头菊及各类菊艺盆景使人赏心悦目，也颇受欢迎。菊花作为切花可用于花束、花圈、花篮等制作。

3. 施肥配方

成春彦等（1997）以夏黄切菊花为材料，研究了氮、磷、钾三元素不同施肥水平对夏黄切菊花生长发育的影响。试验结果表明：在砂壤土盆栽条件下，每千克土壤基施氮（N）0.17克、磷（P_2O_5）0.12克、钾（K_2O）0.17克，追施氮、钾各50毫克，夏黄切菊花生长发育良好。

张建海等（2013）以野菊为材料，采用"3414"不完全正交设计的氮、磷、钾三因子施肥试验，建议野菊花适宜的施用量为氮（N）为 8.8～12.5 千克/亩、磷（P_2O_5）为 7.6～11.4 千克/亩、钾（K_2O）为 7.9～14.7 千克/亩。

冯晓容（2015）通过对菊花进行不同基质栽培对比试验，建议菊花适宜的栽培基质配方为：泥炭：黄沙＝1：2(体积比)，泥炭：黄沙：黄土＝1：1：1(体积比)，泥炭：黄沙：黄土＝2：1：1(体积比)，泥炭土：黄沙＝1：1(体积比)。

4.盆栽菊花安全高效施肥

（1）盆栽营养土配制 生产实践中用猪粪与锯木屑混合作栽培菊花的基质已广泛应用。预先收集猪粪，晾干后贮存备用，使用时在锯木屑中加添 20％左右的干猪粪，混匀加水润湿后即可种菊苗。如为新鲜猪粪，在锯木屑中加入 30％左右的鲜猪粪，堆积发酵约10 天，届时若温度仍高，可用水冲淋降温后装盆种菊。也可采用泥炭、黄沙、园土进行配制，比例为（1～2）：1：1。

（2）栽植基肥 常用有机肥如生物有机肥、商品有机肥、厩肥、饼粕肥等，必须经发酵后施用。盆栽施基肥时，一般在半年前将有机肥与土壤或其他基质混合均匀后，堆于不淋雨处腐熟，用量一般占基质容积的 10％～30％，使用时再按情况加入定量的复合肥料。盆栽化肥用量，每立方米基质中约为地栽时的 1/30～1/20。磷肥宜作基肥提前施入。

（3）适时追肥 在菊花生长期中，需及时追肥补充养分，追肥以氮、钾肥为主，随生长量的增长其用量也随之增加。移栽幼苗在氮（N）200 毫克/千克、钾（K_2O）200 毫克/千克的条件下较安全。生长旺季最好每 3～7 天追肥 1 次，花蕾期达最高用量，但追肥的最高总浓度控制在 2500 毫克/千克以内较安全。土壤干燥时，施肥前 1 天浇水 1 次可保施肥安全。追肥宜稀肥勤施。

（4）根外追肥 生长前期可叶面喷施 600～800 倍含腐殖酸水溶肥料或 600～800 倍含氨基酸水溶肥料或 600 倍高活性有机酸叶面肥，同时喷施 600～1000 倍复合微量元素水溶肥料。开花期叶面喷施 800 倍活力钾或生物钾叶面肥，或 0.3％磷酸二氢钾液肥，并配施 0.2％尿素液肥。在盆菊严重脱肥和花蕾发育后期，每 7～10 天施 1 次肥，连续 2～3 次，以尿素或尿素＋氯化钾或尿素＋磷酸二氢钾为常用肥料，氮(N)∶磷(P_2O_5)∶钾(K_2O) 大约为 7∶2∶7。

5.切花菊安全高效施肥

(1) 切花菊体内养分丰缺指标　植物体内的无机养分含量究竟多高为最合适，营养元素在少于多大浓度时才表现出缺素症？可以通过表 1-2 加以说明。

据研究报道，在实际生产中，应该保持菊花体内的氮含量不能超过 5％；磷含量在 0.18％以上时植株表现健全，磷含量减少到 0.12％以下就会发生严重的缺磷病；钾的最适浓度基本在 3.5％～10％。微量元素缺乏或者过剩时也会造成菊花的生理危害，从形态上表现出叶色异常、叶片上出现斑点、叶脉异常等现象。

表 1-2　菊花植物体内的最佳营养元素浓度和发生缺素症的浓度界限

(品种 Cood News，Lunt 等 1964)

营养元素	最适范围	缺乏区域	诊断植物部位
氮/%	4.5～6.0	1.5～3.0	上部叶片
磷/%	0.26～1.15	0.10～0.20	上、下部叶片
钾/%	3.5～10.0	0.20～2.0	下部叶片
钙/%	0.5～4.6	0.22～0.28	上部叶片
镁/%	0.06～1.50	0.045～0.13	下部叶片
铁/(毫克/千克)		35	上部叶片
锰/(毫克/千克)	195～260	3～4	上、下部叶片
硼/(毫克/千克)	25～200	18.1～19.5	上部叶片
铜/(毫克/千克)	10	1.7～4.7	中部叶片、分枝
锌/(毫克/千克)	7～25	4.3～3.8	下部叶片

(2) 切花菊施肥量的确定　在实际生产中，往往因栽培类型不同施肥量也不一样。例如在 11 月至翌年 1 月采收的设施栽培中，在土壤肥力较好的条件下，通常施肥量为有效氮 7～8 千克/亩、有效磷 7 千克/亩、有效钾 7 千克/亩左右；而在相同设施中进行 3～4

月采收的加温栽培中，施肥量则为有效氮 18 千克/亩、有效磷 16 千克/亩、有效钾 16 千克/亩。后者的施量相当于前者的两倍。在夏菊的促成栽培中，中晚生品种施肥量为有效氮 16～34 千克/亩、有效磷 16～28 千克/亩、有效钾 16～38 千克/亩；早生品种的施肥量为有效氮 13 千克/亩、有效磷 15 千克/亩、有效钾 15 千克/亩。

由于地区不同、栽培类型不同，即使是相同的品种，其施肥量也有差别。比如采用与上例夏菊促成栽培相同的早生品种，有些地区施肥量为：有效氮 12 千克/亩、有效磷 10 千克/亩、有效钾 10 千克/亩。施肥量的多少与土壤肥力、花卉品种、栽培类型以及气候条件有关。重要的是根据植株能否正常生长来判断各种营养元素的施用量。

在实际生产中，通常使用大量的堆肥。有人使用的堆肥加上追肥的总施肥量多得惊人。例如总氮含量为 46±13 千克/亩、总磷含量为 34±12 千克/亩、总钾含量为 32±13 千克/亩。一般人都会认为这样高的施肥量可能会造成土壤盐积化，但在实际栽培时却并没有发生任何盐积危害，而且切花质量极高。可见，应该根据不同地域、不同土壤条件、不同品种、不同栽培类型等，因地制宜地进行施肥管理。

（3）土地的选择　菊花喜湿怕涝，栽培时应选择地势相对较高、通风性好的地块进行种植。土壤以沙土和轻壤土为好，土壤 pH 值 6.0～6.5 为佳。菊花适应性很强，在 pH 适当高些的条件下也能生长，故生产上根据当地的实际情况进行土地选择。最重要的是，选择的地块排水好，不能有积水。

（4）整地施肥　整地施肥时应根据不同的土壤条件和不同的菊花品种分别采用不同的施肥方法。根据土壤实际情况，由于沙土和轻壤土保水保肥能力差，一般在定植前 1 个月每亩各施入磷肥 10～15 千克和钾肥 5～15 千克作基肥，种植前一周再施入氮肥 5～10 千克，同时每亩再施入 8000～12000 千克牛粪和 2000 千克泥炭土或 12000 千克秸秆肥，以改良土壤。施肥后土地深耕 30 厘米以上，然后做畦，畦高15～20厘米，畦底宽90厘米，畦上宽80厘米，然后铺设滴灌，覆地膜，上定植网后准备定植。

（5）生长期肥水管理　菊花喜湿怕涝，浇水的原则是见干见湿，每次浇水要浇透。一般定植10天后菊花基本已开始生长，这时由于根系还比较弱，对土壤中的肥料吸收还比较少，可用一些冲施肥，如氨基酸类冲施肥、微量元素类冲施肥或海藻肥、甲壳素等。每10天追施1次肥料，冲施肥和化肥混合使用。

苗子定植前期，由于浇水或苗子本身差异，植株生长势会有些不同，这时可以用低浓度的肥料水偏施给那些低矮且生长势弱的植株，也可对一些生长势强的植株摘除其部分叶片，使其生长势减弱，通过调整使植株生长势一致。在苗子长到30厘米左右时，可根据实际长势每亩追施1次长效水溶性滴灌肥（10-15-25＋B＋Zn）15千克。

当植株长到55～60厘米时，每亩追施1次大粒钾肥10～15千克，降低浇水量，使植株进入生殖生长阶段。

进入生殖生长阶段后尽量少浇水，可以叶面喷施600～1000倍复合微量元素水溶肥料、800倍活力钾或生物钾叶面肥，或0.3%磷酸二氢钾液肥、0.2%尿素液肥。

6.夏菊设施栽培安全高效施肥

（1）温暖地区夏菊设施栽培安全高效施肥

① 促成栽培（3月中旬至4月中旬采收）　由于夏菊的生长期较短，而且采收期又处于温度上升季节，栽培床的施肥通常以基肥为主，但有效氮的施用量应该控制在25千克/亩以下，追肥在1月上旬结束。如果在发蕾期发现植株瘦弱，可以追施少量的化肥。

一般在定植前施用牛粪堆肥2000千克/亩，在12月下旬追施有机无机复混肥料（7-5.5-6）70千克/亩，在次年2月上旬再追施一次三元复合肥（10-10-10）30千克/亩。追肥的同时进行中耕培土。以上施用的肥料最好在采花时基本被植株消耗完，不残留。

② 半促成栽培（4月下旬至5月下旬采收）　与促成栽培一样，定植前要做好栽培床。如果前茬的作物也是菊花，采花以后要进行

中耕。经过雨季，菊花的根系会很快腐烂分解，在定植前要进行土壤消毒。土壤消毒并不需要每年进行，如果使用氯化苦消毒，一般每 2～3 年进行 1 次。消毒后要放置一段时间，散掉有毒气体后才能利用。

在定植 7 天前进行整地，同时施入堆肥 3000 千克/亩、复合肥料（15-18-15）40 千克/亩。如果在地力较强、保水性良好的土壤上栽培，经常会造成植株生长过盛，不仅会推迟开花期，还会降低切花的品质。所以要注意施肥量，以防生长后期残留大量肥料。

③ 防雨栽培（6 月上旬至 7 月上旬采收） 一般扦插苗在 10 月中旬定植。定植前与半促成栽培一样，在整地之前要进行土壤消毒和施肥。每亩施堆肥 3000 千克/亩、复合肥料（15-18-15）40 千克/亩。当然也要根据土壤肥力，注意施肥量与植物营养消耗的动态平衡。定植方法与半促成栽培完全相同。定植后充分浇水，缓苗期间控制浇水，一周以后根据土壤湿度每日适量浇水。

（2）冷凉地区（6～8 月采收）夏菊设施栽培安全高效施肥

① 基肥 如果是连作栽培，要进行土壤消毒。使用的药剂有氯化苦、溴甲烷、D-D 混剂等。由于定植时气温较低，以使用溴甲烷消毒为好，每亩用量为 15 千克。消毒时首先用塑料薄膜将地面覆盖，然后打开溴甲烷的瓶盖，让有毒气体扩散到土壤中。这样处理 3 天后，打开塑料薄膜散去有毒气体，1 周后整地施肥。一般每亩施用 2000 千克堆肥，再加施一定量的过磷酸钙和氯化钾，施肥的标准为每亩施有效氮 20 千克、有效磷 25 千克、有效钾 20 千克。充分耕耘后做床定植。

② 追肥 在设施栽培中，由于不受雨水的影响，而且土壤水分蒸发较快，所以必须定时浇水。缓苗后每日浇水 1 次。每次浇水量为 10～15 毫米，通常在午前进行。当植株长到 30 厘米高时，即进入花芽分化期，开始适当控制浇水。在植株长到 30～40 厘米时，追施氮和钾各 4 千克/亩。

③ 叶面喷肥 生长前期可叶面喷施 600～800 倍含腐殖酸水溶肥料或 600～800 倍含氨基酸水溶肥料或 600 倍高活性有机酸叶面

肥,同时喷施 600～1000 倍复合微量元素水溶肥料。开花期叶面喷施 800 倍活力钾或生物钾叶面肥,或 0.3%磷酸二氢钾液肥,并配施 0.2%尿素液肥。

(3) 夏菊露地栽培安全高效施肥

① 基肥　在定植前 2 周开始整地,同时施用堆肥 2000 千克/亩、有机无机复合肥 (7-7-7) 180 千克/亩。每亩地的总施肥量相当于有效氮、有效磷、有效钾各 20～25 千克,其中缓效性有机肥占 70%左右。

② 追肥　从 12 月到次年 2 月之间降水量较少,在排水较好的地区容易发生土壤干旱,影响植株的正常生长发育,可以通过人工浇水解决。在冬芽出齐和整枝结束后,分别进行培土和追肥,追肥时使用复合肥 (10-16-14) 20 千克/亩。气温回升后根据植株的长势适当追肥。

③ 叶面喷肥　生长前期可叶面喷施 600～800 倍含腐殖酸水溶肥料或 600～800 倍含氨基酸水溶肥料或 600 倍高活性有机酸叶面肥,同时喷施 600～1000 倍复合微量元素水溶肥料。开花期叶面喷施 800 倍活力钾或生物钾叶面肥,或 0.3%磷酸二氢钾液肥,并配施 0.2%尿素液肥。

7.秋菊栽培安全高效施肥

(1) 秋菊大棚栽培施肥　秋菊与夏菊相同,如果属于连作栽培,要进行土壤消毒。秋菊的施肥以基肥为主,基肥占 60%,追肥占 40%。追肥在定植 1～1.5 个月后和开花前 60 天分 2 次施用。基肥中的有机肥施用量一般为 2000～3000 千克/亩,可以配合复合肥以及化肥,调整总有效氮、有效磷、有效钾含量各为 20 千克/亩。但是施肥量必须根据土壤的营养情况而定,如果土壤过于贫瘠,基肥中的有机肥施用量也许要达到 5000～6000 千克/亩。

定植后要充分浇水。从缓苗后到植株长到 30 厘米时,每日浇水 1 次,每次浇 10～15 毫米。如果在高温、干燥地区,可以采用地面覆盖稻草或其他覆盖物等,防止地面高温和土壤水分过分蒸发造成植株中午萎蔫。稻草覆盖在垄间或床间。

可以伴随着浇水进行追肥，肥料成分以氮肥和钾肥为主，每次施用有效氮和有效钾各为 6 千克/亩。第一次追肥在定植后 1～1.5个月，第二次追肥在开花前 60 天。结合追肥进行中耕培土。如果在花蕾形成期叶色发黄，可以采用叶面喷肥，可叶面喷施 600～800倍含腐殖酸水溶肥料或 600～800 倍含氨基酸水溶肥料或 600 倍高活性有机酸叶面肥，同时喷施 600～1000 倍复合微量元素水溶肥料。

（2）秋菊的电照栽培施肥　连作土壤通常要在定植前进行土壤消毒。采用 D-D 混剂土壤熏蒸可以防止线虫危害，每亩用量为26～40 升。灌注熏蒸 10 天以上，并且在定植前翻耕两次，散尽土壤中的有毒气体。消毒后整地施肥，施肥的比例与冷凉地区不同，基肥占 40%，追肥占 60%，每亩施有效氮 20～22 千克、有效磷 1千克、有效钾 1.5 千克。如果前茬施肥过多（土壤溶液 EC 值约为1.0 毫西门子/厘米）可以不施基肥。追肥分别在整枝期、停止电照 10 天前以及发蕾期施用。

（3）秋菊露地栽培施肥

① 冷凉地区的夏秋季采收栽培　如果是连作土壤，在定植前要进行土壤消毒，消毒方法可以参照秋菊的电照栽培消毒方法。秋菊露地栽培以施用基肥为主，除了施用堆肥外，还要施用一些磷钾复合肥，追肥只占 40%。追肥在定植 1 个月后和开花 60 天前分两次施用，其中有效氮、有效磷、有效钾的含量各为 20 千克/亩。结合追肥进行中耕培土。

一般伴随着浇水进行追肥，肥料主要使用氮肥和钾肥。每次追施有效氮和有效钾各 6 千克/亩。第一次追肥在定植后 1 个月，第二次追肥在开花前 60 天。如果发蕾期叶色发黄，可以进行叶面喷肥，可以叶面喷施 600～800 倍含腐殖酸水溶肥料或 600～800 倍含氨基酸水溶肥料或 600 倍高活性有机酸叶面肥，同时喷施 600～1000 倍复合微量元素水溶肥料。

② 温暖地区的秋季采收栽培　9 月采收栽培时正处于高温季节，花色和切花品质比较差；10 月以后采收栽培，气温相对较低，

可以生产出较高品质的切花。

栽培场地要选择没有集中性暴雨、排水良好的土壤，或者采用高垄栽培，以防止多雨危害。9 月采收时，花芽分化正好处于高温期，最好选在通风良好、比较凉爽的场地。当然选择耐高温品种也非常重要，比如日本常采用的有"天寿"等品种。

秋菊露地栽培可以选择水田或山坡地。如果是连作栽培，最好进行土壤消毒，整地前施用堆肥 1500～2000 千克/亩，特别贫瘠的土壤可以施用堆肥 4000～7000 千克/亩。如果利用水田栽培，不仅要深耕，还要设暗渠排水，并做好排水准备。土壤 pH 调整到 6.5 左右，土壤溶液 EC 值为 0.6 毫西门子/厘米以下。如果采用地面覆盖栽培，施肥量可以适当减少 2 成或 3 成。

伴随着摘心进行第一次追肥培土，追肥量为总施肥量的 1/3。在摘心后，侧枝长到 10～20 厘米时，进行第二次追肥培土，追肥量同第一次。

8. 寒菊切花栽培安全高效施肥

（1）简易大棚栽培施肥 由于栽培期较长，需要施入大量牛粪堆肥、稻草或树皮堆肥，以提高土壤空隙度。特别是连作栽培土壤或者下层透水性较差的土壤，不仅要深耕，还要设置暗渠加强排水。连作土壤在定植前要进行土壤消毒，消毒方法可以参照"秋菊栽培安全高效施肥"。消毒后进行整地施肥，除了施用堆肥以外，还要施用一些磷钾复合肥，施用的有效氮、有效磷、有效钾含量各为 15～27 千克/亩。由于各地区的土壤肥力不同，施肥量也要因地制宜。初次栽培时可以少施，连作栽培或者多雨地区要适当增加施肥量。施肥与起垄要在梅雨到来之前进行，在雨季整地会造成土壤板结、透水不良。

当植株长到 20 厘米时，结合整枝进行追肥培土。寒菊的生长期较长，通过培土既可以促使新根生长，也可以防止植株下部叶片枯萎，防止倒伏。当植株长到 50～60 厘米时，结合除草进行第二次和第三次培土。如果耕土层浅，植株生长不良，可以结合追肥进行多次培土。

追肥一般分为两次，第一次在8月下旬，第二次在花芽分化后的9月下旬至10月中旬。生长发育不良时，还可以在定植和摘心后分别追肥。

另外，在花芽分化期间，容易萌发侧芽和侧蕾，要及时摘除。

（2）多头菊设施栽培施肥

① 母株的土肥管理　如果是连作栽培，要进行土壤消毒。可以采取化学药剂熏蒸或者高温蒸汽消毒。定植前施入复合肥（10-5-15）60克/米^{2}左右。如果没有这样的复合肥，可以施入同样含量的化肥。定植2周后追施复合肥（10-5-15）6克/米^2，或者采用含腐殖酸水溶肥料500倍液肥叶面喷洒。将土壤的pH值调整到6.5左右。

② 多头菊定植后施肥　多头菊对于土壤的要求和其他菊花基本一样，肥水管理也基本相同，只是要注意多头菊容易形成柳芽。由于每年连作次数多，容易造成土壤盐积化，因此在施肥时要特别注意不能过量。多头菊的栽培也是以基肥为主。缓苗后植株生长过于旺盛时，容易花芽分化，相反也容易形成柳芽。即使不形成柳芽，茎秆也容易发粗。虽然花数可能增加，但是切花过于挺直死板会影响品质。多头菊一般用作配花，所以要求花茎协调、花房呈圆锥形或圆筒形为好。特别是4～7月栽培期间，由于光照充足，植株容易生长过盛，一般通过控制施肥量或者采用遮光来减弱其生长势。

为了防止土壤盐类的积累，基肥的施用种类和施用量可以按照土壤分析结果进行补充施用。在荷兰一般以1份体积的土壤加2份体积的水，抽取土壤溶液，测定其EC值来确定菊花栽培的最适施肥量。其要求是EC值小于2.0毫西门子/厘米，硝态氮和氨态氮的含量为1.5～3.0毫摩尔/升，有效磷为0.2毫摩尔/升，钾离子为1.0～2.0毫摩尔/升，钙离子为1.7～2.4毫摩尔/升，硫酸根离子为1.1～1.5毫摩尔/升。土壤盐分浓度如果过高，可以通过浇水或者喷水洗脱来降低。

一般农户自己不能进行土壤营养诊断，但可以通过科研部门帮助诊断，或者根据植株长相通过经验判断土壤营养情况。特别注意不能施肥过量。有人采用氮磷钾复合肥（12-6-12）每亩 100 千克作基肥，然后采用氮磷钾液肥（10-8-16）每亩 40 千克作追肥。但这属于 2 茬或 3 茬栽培的施肥例，如果是第一茬栽培要参照秋菊栽培的施肥例，则每亩施入 2000～3000 千克堆肥。每栽培一茬，施肥总量中的氮肥(N) 为 16 千克/亩、磷肥(P_2O_5) 为 9 千克/亩、钾肥(K_2O) 为 18 千克/亩。

在欧洲使用的追肥主要是液肥，其液肥Ⅰ的组成是硝酸钙 24 千克、硝酸钾 20 千克；液肥Ⅱ的组成是硝酸钾 7 千克、硫酸镁 14.5 千克、硼砂 70 克。使用时将液肥Ⅰ和液肥Ⅱ分别加到 500 升清水中，浇水时按浇水量的 1/200 加入混合液肥，可以灌溉 1000 平方米的栽培床。

③ 多头菊露地栽培施肥　多头菊露地栽培可以选择山坡地，如果是连作栽培，最好进行土壤消毒。整地前施用堆肥 1500～2000 千克/亩，特别贫瘠的土壤可以施用堆肥 4000～7000 千克/亩。土壤酸碱度调整到 6.5 左右，土壤溶液 EC 值为 0.6 毫西门子/厘米以下。如果采用地面覆盖栽培，施肥量可以减少 20％～30％。

可以做成宽为 60 厘米左右的高垄，双行定植，行间距为 30 厘米，株距为 10～15 厘米。每亩定植 1.2 万～1.5 万株，目标切花产量为 4 万～4.5 万枝。无摘心栽培每平方米定植 56～64 株，摘心栽培每平方米定植 18～22 株。如果栽培场地通风不良，可以适当扩大行间距和株距。露地栽培容易生长杂草，在定植前可以喷洒除草剂加以防除。

伴随着摘心进行第一次追肥培土，追肥量为总施肥量的 1/3，施用复合肥（8-8-7）13 千克/亩。在摘心后侧枝长到 15～20 厘米时，进行第二次追肥培土。追肥量与第一次追肥相同，同时培土以防止秋季多雨造成危害。在侧枝长到 35～40 厘米时，架设防止植株倒伏的防风网。

二、兰花

兰花（图 1-47）别名中国兰、春兰、兰草、兰华、幽兰、山兰、国香、空谷仙子、香祖，在我国分布种类最多的地区是云南、四川和台湾。我国除了华北、东北和西北的宁夏、青海、新疆之外，各个地区都有不同种类的兰属植物。

图 1-47　兰花

1. 生长习性

兰花为兰科兰属多年生草本花卉。兰花喜温暖、湿润，对要求土壤含水量不高，而要求空气湿度要高。兰花原产地在湿润山谷的疏荫下，根系主要分布在酸性土壤的表层中，因此要求疏荫、湿润而凉爽的环境和富含腐殖质且排水良好的酸性土壤，pH 值应为 5～6.5。春兰和蕙兰的耐寒力较强，建兰和墨兰的耐寒力较弱。

2. 观赏应用

兰花叶片呈线形至广线形，姿态潇洒，花色淡雅，香味清馨，其观赏价值很高，是一种风格独异的花卉。兰花的花色淡雅，其中以嫩绿色、黄绿色的居多，但尤以素心者为名贵。兰花的香气，清而不浊，一盆在室，芳香四溢。"手培兰蕊两三栽，日暖风和次第开。坐久不知香在室，推窗时有蝶飞来。"古人这首诗将兰花的幽香表现得淋漓尽致。兰花的花姿有的端庄隽秀，有的雍容华贵，富于变化。兰花的叶终年鲜绿，刚柔兼备，姿态优美，即使不是花期，也像是一件活的艺术品。"泣露光偏乱，含风影自斜。俗人那解此，看叶胜看花。"这首诗就是用来形容兰叶婀娜多姿之美。置几盆兰花，点缀室内，顿觉生意盎然，花开之日，清香阵阵，会使你感到生机勃勃，心旷神怡。

中国人历来把兰花看作是高洁典雅的象征。兰花是中国"十大名花"之一、"四君子"之一。通常以"兰章"喻诗文之美，以"兰交"喻友谊之真。也有借兰来表达纯洁的爱情，"气如兰兮长不改，心若兰兮终不移""寻得幽兰报知己，一枝聊赠梦潇湘"。兰花在江南可于庭院、绿地、公园假山旁等栽培；北方多作盆栽，用于室内装饰。

3. 盆栽兰花安全高效施肥

（1）培养土的配制　培养土是对地生兰而言的，可称为栽培基质或物料，对任何兰花都适用。栽培兰花的基质以含有大量腐殖质、疏松透气、排水良好、肥分适宜、微酸性、无病虫害的为理想。各地可以因地制宜，自己动手制造。如江苏、浙江一带多用山泥；广州一带多用塘泥，晒干后打成小块；武汉一带多用煤渣，放置 1 年以后使用，或用火烧土；北京地区多用泥炭土。因自制土壤有碍城市环境的清洁，目前采用最多的是四川峨眉山的"仙土"。仙土是指压在地表层下成千上万年层积的腐殖土。经挖掘粉碎成大、中、小三各粒状土，以此栽兰较为理想，其特点为养分含量全，排水良好，无污染，无杂草种子，但易干燥，故使用时要多注意浇水。

附生兰的培养基质，以泥炭藓、水龙骨根、紫箕根（蕨类）为主，加入少量的山毛榉干叶和小块木炭、碎干牛粪。也可用泥炭土代替泥炭藓，或用泥炭土加水苔，掺少量腐叶土及沙。棕榈纤维、椰糠（椰子壳糠）、椰壳纤维、冷杉皮、蕨根、木炭、木屑、碎砖块、陶粒、浮石、珍珠岩、蛭石等混合使用也可，其含量配比则依兰花种类不同而异，最好先行试种，取得经验后，再扩大使用。

（2）培养土消毒　土壤在应用之前，要进行消毒灭菌，杀死病菌、虫卵、杂草种子。其方法有：阳光暴晒、冷冻处理、蒸汽消毒和药物消毒。

① 阳光暴晒　将土壤摊开在水泥地面上，在烈日下暴晒 3 天以上，可将病菌、害虫及卵杀死，但杂草种子不能全部除光。

② 冷冻处理　冬季严寒时，将土壤堆在能冰冻处，经数周冰冻可杀死病菌。此法在我国南方地区则不适用。

③ 蒸汽消毒　将 100℃ 的锅炉蒸汽通到土壤中约 1 小时，可杀死病菌、害虫及卵、杂草种子。在国外有成套的土壤消毒器械设备。小批量土壤消毒的，可放入锅内蒸或炒。

④ 药物消毒　利用化学药品，如福尔马林（含 40% 甲醛）加50 倍的水，喷在土壤上，封闭 24 小时，然后打开，经 10 天左右即可应用，剂量是每立方米用福尔马林 40 毫升。也可用敌克松或速克菌、多菌灵等杀菌剂分层喷洒土壤，然后密封，于使用前 15 天敞开。

（3）培养土测试处理　兰花是典型的喜酸植物，最佳的 pH 值范围为 4.5～5.5。培养土在使用前一定要测定其酸碱度（pH），一般用精密的 pH 试纸来测定。具体方法是先取培养土用蒸馏水溶解，取其液用 pH 试纸测试。如过酸则施些石灰以中和；如过碱则加硫黄粉、过磷酸钙、硫酸亚铁等混入土中。

培养土的好坏，主要通过土壤溶液来表现。土壤溶液除酸碱度外，还有一个浓度因素。兰花喜清淡，不喜浓度过高的土壤溶液。土壤溶液的浓度用电导率来表示，即收集浇水后由盆底流出的水用电导率表或袖珍数字显示电导率计测定。电导率的高低，表示溶液中离子的多少，也就是盐类的多少，即溶液的电解质浓度。在培养土管理上，要时常对培养土进行淋洗，这是因为土壤具有生物活性，有代谢产物产生，再加上肥水不能被植物完全吸收，日子久了会积累一些无用和有害的盐类，这些盐类会使土壤浓度逐渐上升，有时可达到植物的中毒水平。

盆栽植物浇水要有干有湿，以调节水和空气的矛盾：盆土湿润则空气稀少，盆土干燥则空气多。一般盆栽植物的土壤溶液以0.1% 为宜，而兰花喜爱清淡，应降低到 0.05% 才适于兰花生长。

培养土使用前应过筛和分级，将大小不同的颗粒分别贮藏（最好用木框装存）。种植时将大粒的放在盆底，小粒的放在盆面。培养土的干湿度要调节好，以土握在掌中，用力一挤，土成团而又不出水，手一松又能粉碎成颗粒为宜。

（4）合理施肥 一般来说，如果兰花每年进行换盆换土，而且土中含有足够的养分，则完全可以不施肥。但是，如果兰花经2～3年才换一次盆，或土壤中没有足够的养分，则施肥就有必要了。

① 肥料种类 用作基肥的有发酵过的牲畜粪、豆饼、棉籽饼等有机肥或化肥。追肥一般都用液肥，即将有机物如牛马羊的角、蹄、粪以及豆饼、麻酱渣、绿肥等泡在水中，经充分发酵后，将发酵液冲淡施用。用无机肥溶液，冲淡后也可作追肥。另外，还有气体肥料，即利用二氧化碳（CO_2）气体作为肥料，增加室内的含碳量，有利于兰花的光合作用，从而多制造养分。

② 施肥时间 根据兰花种类、生长期和气候条件来确定。兰花的施肥，一般从5月上旬开始，以后每隔2～3周施肥1次，直至9月底为止。夏季三伏天以及11月至翌年3月不施肥。10月及翌年4月视兰花长势及天气情况而定，可以不施肥，也可施肥1次。对于我国南方气候温和地区，施肥时间应灵活掌握。

③ 施肥要点 施肥时须掌握两个字要领，那就是"酸"和"淡"。"酸"是指所有液体肥料在施用之前，必须测定其酸碱度，要调整到适宜酸度为止，即pH值5.0～5.5。"淡"是指肥料浓度宜低。不管是有机肥还是化肥，都要低浓度。有机肥腐熟后的液体浓度以0.2%为宜，即1000份的水，加2份有机肥溶液。利用化肥时，最好用全元素的化肥，其固体量为0.1%～0.3%，即1000克水加化肥1～3克。

④ 施肥方法 除基肥放入基质（土壤）中外，一般都是将液肥用喷壶浇入土壤（盆）中。施肥时切勿将肥液施到叶面上，如碰到叶面，则须用清水冲净。如用盆低浸入法施肥，则安全可靠。

附生兰的施肥可用肥液浸泡根部，将兰盆根部浸在肥料溶液中，经过15～20分钟，待根部充分吸收后取出。

根外施肥是将化肥溶液喷在兰花叶面上的一种施肥方法，适宜于根部有毛病的兰花和盆土不透水的兰花使用。根外施肥的常用肥料是尿素、磷酸二氢钾（KH_2PO_4），浓度以 0.1%～0.3% 为宜。也可叶面喷施 600～800 倍含腐殖酸水溶肥料或 600～800 倍含氨基酸水溶肥料或 600 倍高活性有机酸叶面肥，同时喷施 0.2% 尿素液肥。

施肥宜选择晴朗天气进行，浇入肥液后第二天用大水浇灌，将盆内未被兰根吸收的肥料冲洗掉。这样可防止土壤溶液浓度过高而损伤兰花根系。

三、芍药

芍药（图 1-48）别名将离草、离草、婪尾春、余容、犁食、没骨花、黑牵夷、红药等，原产于我国东北、华北以及江苏、陕西和甘肃南部，现我国各地均有栽培。

图 1-48　芍药

1. 生长习性

芍药为芍药科芍药属多年生草本花卉。芍药喜温凉、干燥，好阳光，耐半阴，耐寒。喜土层深厚、排水良好的肥沃砂壤土。

2. 观赏应用

芍药花色丰富，有白、粉、红、紫、黄、绿、黑和复色等，花大艳丽，有时单株或二三株栽植以欣赏其特殊品型花色。可作专类园、切花、花坛用花等，花开时十分壮观，观赏性佳，和牡丹搭配可在视觉效果上延长花期。芍药被人们誉为"花相"，被称为"五月花神"，自古就作为爱情之花，现已成为七夕节的代表花卉。另外，"憨湘云醉眠芍药裀"被誉为红楼梦中经典情景之一。

3. 施肥配方

陈暄等（2008）利用正交法研究芍药生长过程中氮、磷、钾肥的平衡施用，建议：一年生芍药氮肥施用量应为 10 千克/亩、磷肥施用量为 5～10 千克/亩、钾肥施用量为 6 千克/亩；二年生芍药氮、磷、钾肥三者施用量分别为 20 千克/亩、20 千克/亩、10 千克/亩；三年生芍药氮、磷、钾肥三者施用量分别为 15～30 千克/亩、15～30 千克/亩、15～30 千克/亩；四年生芍药应补充氮肥，施用量为 15～30 千克/亩。

4. 地栽芍药安全高效施肥

（1）栽植基肥　芍药是肉质根，栽植地点宜选背风向阳、土层深厚、地势干燥、肥沃而又排水良好的砂壤土地块。栽前深翻 30 厘米以上，施入充分腐熟的有机肥、骨粉以及少量杀虫剂，再深翻 1 次，其上覆一层薄土，避免根直接与肥料接触而造成烂根。每亩可施生物有机肥 100～150 千克，或商品有机肥 250～300 千克，或无害化处理过的腐熟猪圈粪 2500～3000 千克，或无害化处理过的腐熟牛圈粪 2000～2500 千克，或无害化处理过的腐熟堆肥 2500～3000 千克，或无害化处理过的腐熟饼肥 150～200 千克，或无害化处理过的腐熟土杂肥 3000～4000 千克，并配施腐殖酸型过磷酸钙 40～50 千克。然后把芍药苗放入穴内，使根系舒展伸直。栽植深度以芽以上覆土 3～4 厘米厚为宜。覆土后将土轻轻压实，浇透水，第 2 天傍晚进行浅中耕，使土壤通气良好。

（2）栽植后肥水管理　芍药栽后浇透水 1 次。生长期注意清除杂草，现蕾时除去过多的侧蕾。开花后如不要种子可将幼果剪除。露地栽植应在霜降后将地上茎叶剪除，培土越冬。

追肥的时间要和芍药的年生长周期相适应，每年追肥 3～4 次。

第一次在新芽出土时，扒开头年冬季封土时埋在根际的土壤，在株周围开沟施豆饼水或人粪尿，可用无害化处理过的充分腐熟的鸡粪、发酵豆饼或花生饼按1：30兑水浇施，或5％人粪尿稀粪水浇施。以后在开花前后各施1次肥，以速效性的氮磷钾复合肥为主，每次每亩施腐殖酸型高效缓释复混肥（15-10-15）10～15千克、腐殖酸型过磷酸钙15～20千克，或每次每亩施氮磷钾复合肥（5-20-26）8～12千克。

（3）秋冬基肥　秋冬之际结合封土，在株周围开沟施1次基肥，寒地可同时浇水。每亩可施生物有机肥100～150千克，或商品有机肥250～300千克，或无害化处理过的腐熟猪圈粪2500～3000千克，或无害化处理过的腐熟牛圈粪2000～2500千克，或无害化处理过的腐熟堆肥2500～3000千克，或无害化处理过的腐熟饼肥150～200千克，或无害化处理过的腐熟土杂肥3000～4000千克，并配施腐殖酸型过磷酸钙50～60千克。冬季很冷的地方，还可以在根际封培10～15厘米的土杂肥，以护根保芽越冬，次春再扒开锄入土内作肥料。

（4）叶面喷肥　春季萌动后叶面喷施600～800倍含腐殖酸水溶肥料，或600～800倍含氨基酸水溶肥料，或600倍高活性有机酸叶面肥1～2次；开花前15～20天叶面喷施1500倍活力硼叶面肥和1500倍活力钙叶面肥；花期喷施500倍活力钾或生物钾叶面肥，或0.2％～0.3％磷酸二氢钾液肥。

（5）栽植第二年以后施肥　以后每年春季后再按栽植后肥水管理措施进行管理，但施肥量适当增加10％～15％；冬季按秋冬基肥施用量进行施肥；叶面喷施仍按栽植当年方法施用。

四、荷包牡丹

荷包牡丹（图1-49）又名瓔珞牡丹、兔儿牡丹、鱼儿牡丹和铃儿草等，原产于日本和我国华北等地，现我国各地均有栽培。

1. 生长习性

荷包牡丹为罂粟科荷包牡丹属多年宿根类草本花卉。荷包牡丹

图 1-49　荷包牡丹

耐寒能力较强，而不能适应高温环境，喜欢湿润，适宜在阴凉处栽植。荷包牡丹喜肥，在含腐殖质丰富的冲积土和砂壤土中生长最好。

2.观赏应用

荷包牡丹叶丛美丽，形似牡丹；花朵玲珑，形似荷包；花色粉红，色彩绚丽。是盆栽和切花的好材料，也适宜于布置花境和在树丛、草地边缘湿润处丛植，景观效果极好。

3.地栽荷包牡丹安全高效施肥

(1) 栽植基肥　荷包牡丹的根系比较发达，露地栽培荷包牡丹，栽植以后常常 3～4 年不再移动，为此，在栽植前必须施以充足的基肥，并进行深翻整地。基肥可施厩肥、饼肥和适量骨粉。每亩可施生物有机肥 50～70 千克，或商品有机肥 100～150 千克，或无害化处理过的腐熟猪圈粪 1000～1500 千克，或无害化处理过的腐熟牛圈粪 1000～1500 千克，或无害化处理过的腐熟堆肥 1500～2000 千克，或无害化处理过的腐熟饼肥 100～120 千克，或无害化处理过的腐熟土杂肥 2000～2500 千克，并配施腐殖酸型过磷酸钙 20～30 千克或骨粉 30～40 千克。

(2) 栽植后生长期肥水管理　栽植时期一般宜在秋季。在寒冷地区，栽植可在早春土地解冻后进行。栽植株行距可采取（30～40）厘米×（50～60）厘米。栽后浇透水。荷包牡丹生长较强健，管理工作一般比较粗放。在其生长期中，注意适时中耕除草，保持土壤表层疏松。在天气干旱和植株生长旺盛期，宜浇水维持土壤处于湿润状态。

栽植后苗高 6～7 厘米时，追施 1 次液肥，肥料用腐熟的人粪尿或饼肥水，每次可用充分腐熟的鸡粪、发酵豆饼或花生饼按 1：30 兑水浇施，或用腐殖酸涂层缓释肥（15-10-15）按 1：50 兑水浇施。追肥后浇 1 次大水。

生长期每月应浇一次矾肥水，可用硫酸亚铁、粪干、饼肥和水，按 1：3：5：100 的比例配制，用经充分发酵后变成的黑绿色液体进行浇施。

（3）叶面喷肥　在花蕾形成期叶面喷施 1500 倍活力硼叶面肥和 1500 倍活力钙叶面肥、500 倍活力钾或生物钾叶面肥，或 0.2%～0.3%磷酸二氢钾液肥。

（4）越冬肥水管理　露地栽植的荷包牡丹，在越冬前浇 1 次冻水。浇水后在株丛上覆盖一薄层有机肥，每亩可施无害化处理过的腐熟猪圈粪 1000～1500 千克或腐熟牛圈粪 1000～1500 千克或腐熟堆肥 1500～2000 千克，在有机肥上再覆土少许。翌年早春植株萌动前，及时进行中耕将越冬覆盖层混入土中。

（5）栽植第二年以后施肥　以后每年春季后再按栽植后生长期肥水管理措施进行管理；冬季按秋冬基肥施用量进行施肥；叶面喷施仍按栽植当年方法施用。

　4. 盆栽荷包牡丹安全高效施肥

（1）盆栽营养土配制　营养土按园土 4 份、腐叶土 3 份、堆肥土 2 份的比例配制。也可用 6 份泥炭土与 4 份田园土，或用 5 份腐叶土与 5 份菜园土混合配制。

（2）上盆　可在 3 月上中旬上盆，盆底放适量饼粉（每盆 2～5 克）作为基肥。肥料上填一层盆土，然后把分割好的根茎放入，加足土，稍加镇压后浇透水。每盆根茎应具有 3～4 个芽。分割根茎时应防止折断，并尽可能保留须根。

（3）肥水管理　当幼芽长到 6～7 厘米时，开始每隔 15～20 天追施薄肥 1 次，每次可用充分腐熟的鸡粪、发酵豆饼或花生饼按 1∶30 兑水浇施。生长期保持盆土处于湿润状态，防止过湿，使植株高度控制在 25～30 厘米。花后剪除残梗。随着气温的升高，将盆放置在半阴的地方。

（4）促成栽培管理 荷包牡丹常用于促成栽培。作为促成栽培的植株，应在秋季上盆。上盆后放于冷室，待需要其开花时，可早 2 个半月把花盆移到温室促成。促成开花的适宜室温为 10～13℃。开花以后可再将盆移入冷室，至春暖时便可从盆中倒出，重新栽到地里进行培养。

五、鸢尾

鸢尾（图 1-50）别名乌鸢、扁竹花、屋顶鸢尾、蓝蝴蝶、紫蝴蝶、蛤蟆七、蝴蝶花，原产于中国中部以及日本，现在我国中南部等地区均有栽培。

图 1-50 鸢尾

1. 生长习性

鸢尾为鸢尾科鸢尾属多年生宿根类草本花卉。鸢尾生长强健，耐寒性强，喜阳也耐半阴。喜肥，适宜于在排水良好、湿润的微酸性土壤上生长。

2. 观赏应用

鸢尾花形奇特，如蝴蝶飞舞，花有蓝、紫蓝、白、黄各色。鸢尾叶片如剑，交互排列成两行，整齐密集丛生，郁郁葱葱；花朵似蝶，花茎与叶等长，朵朵蓝紫闪耀在绿叶之间，轻盈妩媚。鸢尾花在中国常用以象征爱情和友谊、鹏程万里、前途无量、明察秋毫，在爱情里面，鸢尾花代表恋爱使者，鸢尾的花语是长久思念。鸢尾适合盆栽、配置在花境中，或在林缘或疏林下作地被。

3. 地栽鸢尾安全高效施肥

根据鸢尾的生态习性不同，栽培管理可分为陆生根茎、水生根茎和鳞茎 3 种类型。

（1）陆生根茎类鸢尾　如德国鸢尾、香根鸢尾等。德国鸢尾对土壤的 pH 值要求不严，在 pH 值为 6～8 的土壤上均可正常生长，但在中性至微碱性土壤（pH 值为 7.0～7.2）上生长最好。在酸性土壤中，可加入适量石灰粉将土壤调至中性；在碱性很强的土壤中，可加入适量的腐殖酸土将土壤调至微碱性或中性。

栽植时，最好施用过磷酸钙作基肥，在整地前均匀翻入土中。每亩可施生物有机肥 50～70 千克，或商品有机肥 100～150 千克，或无害化处理过的腐熟猪圈粪 1000～1500 千克，或无害化处理过的腐熟牛圈粪 1000～1500 千克，或无害化处理过的腐熟堆肥 1500～2000 千克，或无害化处理过的腐熟饼肥 100～120 千克，或无害化处理过的腐熟土杂肥 2000～2500 千克，并配施腐殖酸型过磷酸钙 30～40 千克。

经过充分翻耕后，按（25～30)厘米×(45～60)厘米的株行距栽植。栽植要掌握浅栽和将根茎周围的土压紧，不宜深栽或使根茎与土接触不紧密。栽后浇 1 次水，以后则根据植株生长情况与天气状况进行水分补充。一般以略带干燥、不使土壤含水过多为宜，特别在夏季高温时，水多常常引起病害。但是在抽薹开花时，需要加强肥水，使花梗长而粗壮，花大而色艳。

生长期进行两次追肥，春、秋季各1次，施用量为每亩40千克。春季用骨粉4份、过磷酸钙2份、硫酸钾1份、硫酸铵1份混合后作追肥；秋季用骨粉4份、过磷酸钙2份、硫酸钾1份混合后作追肥。施肥后将肥料轻轻耙入土壤，注意不要过深，以免伤及根系。植株到秋后枯黄后，应清除地面枯叶，冬季不须覆盖便可安全越冬。

（2）水生根茎类鸢尾 如玉蝉花、燕子花等，要求栽植在潮湿洼地和水体浅水区域。

栽植前同样需要施以基肥和翻土。每亩可施生物有机肥50～70千克，或商品有机肥100～150千克，或无害化处理过的腐熟猪圈粪1000～1500千克，或无害化处理过的腐熟牛圈粪1000～1500千克，或无害化处理过的腐熟堆肥1500～2000千克，或无害化处理过的腐熟饼肥100～120千克，或无害化处理过的腐熟土杂肥2000～2500千克。在早春或植株开花之后进行分株栽植。

水生根茎类鸢尾，在生长期中，水深保持在10～15厘米较合适，即植株基部全部浸在水中。到冬季植株进入休眠期后，株丛基部应露出水面，但土壤仍需保持一定的湿度。在冬季比较寒冷的地区，株丛上应覆盖厩肥或草蒿等物防寒。

（3）鳞茎类鸢尾 如西班牙鸢尾等，喜肥沃、疏松的砂壤土。栽植地要求排水良好，避风向阳。栽培时，最好施用过磷酸钙作基肥，在整地前均匀翻入土中。每亩可施生物有机肥50～70千克，或商品有机肥100～150千克，或无害化处理过的腐熟猪圈粪1000～1500千克，或无害化处理过的腐熟牛圈粪1000～1500千克，或无害化处理过的腐熟堆肥1500～2000千克，或无害化处理过的腐熟饼肥100～120千克，或无害化处理过的腐熟土杂肥2000～2500千克，并配施腐殖酸型过磷酸钙30～40千克。在10月间进行栽植。栽植距离按鳞茎的大小而定。大鳞茎在翌年春天就能开花，株行距为 10 厘米×20 厘米，栽植深度为 9～12 厘米。小鳞茎在翌年不能开花，系培养大球，株行距可采用（5～6）厘米×20 厘米，栽植深度为 3～5 厘米。栽植后浇 1 次透水。越冬时需要覆盖保护。

翌年春季开花后，老鳞茎消失，新生鳞茎进入积累养分阶段，此期加强肥水管理，可以保证新鳞茎充实和肥大。追肥可用复合化肥和人粪尿，浓度宜淡。追肥可用 5％人粪尿稀粪水浇施，或每亩施腐殖酸型高效缓释复混肥（15-10-15）15～20 千克、腐殖酸型过磷酸钙 15～20 千克，或每亩施氮磷钾复合肥（5-20-26）10～15 千克。6 月后植株进入休眠期，待地上叶枯后，挖出鳞茎平铺在凉爽通风处。

六、君子兰

君子兰（图 1-51）别名大花君子兰、大叶石蒜、剑叶石蒜、达木兰，原产于非洲南部的热带地区，现我国各地均可栽培。

图 1-51　君子兰

1. 生长习性

君子兰为石蒜科君子兰属多年生常绿草本花卉。君子兰忌强光，为半阴性植物，喜凉爽，忌高温。君子兰对土壤要求很严，必须在极其疏松而又排水良好的腐殖土中才能正常生长，以中性和微酸性土为最好，不耐盐碱，pH 值应保持在 6～7.5 之间。

2. 观赏应用

君子兰叶片宽带形，二列状排列，"正看一面扇，侧看一条线"；伞形花序顶生；花被片狭漏斗状，橙色至鲜红色，喉部黄色；浆果球形，成熟时紫红色。君子兰是优良的观叶、观花、观果类花卉，最适宜在室内盆栽观赏。

3. 盆栽君子兰安全高效施肥

（1）盆栽营养土配制 一般君子兰土壤的配制为 6 份腐叶土、2 份松针、1 份河沙或炉灰渣、1 份基肥（麻子等）。目前公认吉林长白山的腐叶土是栽培君子兰的最佳土料，其主要成分是橡树、栎树、榛子、山杨和青冈树的腐叶，还有少量松针，不含土粒和沙粒，呈中性和微酸性，比重很轻，非常疏松透气。在买不到上述土料时，也可以自己配制，原料以硬杂木的锯末和阔叶树叶为主，把它们混合堆积，浇上水，经过半年的腐熟，再掺入 1/4 的煤烟灰或炉渣碎末，效果也相当良好。如果加肥，可掺入 1/5 的腐熟马粪，不要用其他肥料。

（2）合理施肥 君子兰上盆时大多不施用基肥，采用经常追肥的方法来供应营养，追肥时应有机肥和无机肥并用。

① 施基肥 应在每 2 年 1 次的换盆时进行，施入土壤中常用的厩肥（即禽畜粪肥）、堆肥、绿肥、豆饼肥等。

② 追肥 君子兰可施用饼肥、鱼粉、骨粉等肥料。初栽植的少施些，以后随着植株的长大和叶片的增加，施肥量也随之逐渐增加，施肥时扒开盆土施入 2～3 厘米深的土中即可，但要注意，施入的肥料不要太靠近根系，以免烧伤根系。施这种固体肥一般每月施 1 次已经足够，不宜再多。

③ 追施液肥 是将浸泡沤制过的动植物腐熟的上清液，兑上 20～40 倍的清水后浇施在盆土上。小幼苗宜浇施兑水 40 倍的，中苗宜浇施兑水 30 倍的，大苗可只浇施兑水 20 倍。浇施液肥后，隔

1～2天接着浇一次清水（水量不宜多），使肥料渗透到盆土中的根系周围，充分发挥肥效。浇施液肥前1～2天不要浇水，让盆土比较干一些再施液肥更为有效。施肥时间最好在清晨。浇施时，应让液肥沿盆边浇入，注意避免浇施在植株及叶片上。

此外，施肥种类也应根据季节不同，如春、冬两季宜施些磷、钾肥，如鱼粉、骨粉、麻饼等，有利于叶脉形成和提高叶片的光泽度；而秋季则宜施些腐熟的动物毛、角、蹄或豆饼的浸出液，以30～40倍清水兑稀后浇施，利于叶片生长。

④ 根外追肥　可叶面喷施600～800倍含腐殖酸水溶肥料，或600～800倍含氨基酸水溶肥料，或600倍高活性有机酸叶面肥，或0.2%～0.3%磷酸二氢钾液肥和0.1%尿素溶液。生长季节每4～6天喷1次，半休眠时每2星期喷1次，一般在日出后喷施，植株开花后即宜停施，必须注意的是，这种方法只有在发现植株缺肥的情况下才可使用。若植株营养充足、生长旺盛，则不宜采用。

（3）烂根处理　要解决君子兰的烂根问题，应把盆底的排水孔凿大，多垫一些碎瓦片，并调制疏松利水的培养土，浇水时应随浇随渗，多余的水能从底孔排出。夏季气温高，君子兰的生长虽然受到抑制而处于半休眠状态，但叶面的蒸发量并未减少反而增加，让君子兰安全度夏的方法不是勤水，而是加强通风和防暑降温。冬季提高室温要比夏季降温容易得多，如能保持18℃左右的室温，则君子兰的生长速度很快，在这种情况下应天天检查盆土的干湿情况，见干见湿，不要使其受旱，这样可加快其生长速度，使播种实生苗提前1年开花。

（4）及时换土　要想养好君子兰，每半年应翻盆换土1次，等于彻底松1次土，防止霉菌在盆内滋生而造成烂根。翻盆后应把盆土全部抖净，用清水把根上的泥土冲掉，将根系表面晾干后再将新培养土放入刷洗干净的花盆中。栽植深度也很重要，土面应与叶裤的基部相齐，不要露根，也不要把叶裤埋入土内，栽好后把土墩实。换下来的旧土经日晒消毒后还可再用。

七、大花金鸡菊

大花金鸡菊（图 1-52）别名剑叶波斯菊、狭叶金鸡菊、剑叶金鸡菊、大花波斯菊，原产于美洲，现我国广泛栽培。

图 1-52 大花金鸡菊

1. 生长习性

大花金鸡菊为菊科金鸡菊属多年生草本花卉。大花金鸡菊耐旱、耐寒、耐热，适应性强，繁殖容易。对土壤要求不严，喜肥沃、湿润、排水良好的砂壤土，在板页岩、花岗岩、砂岩、石灰岩风化形成的 pH 值为 5～8 的土壤上都能生长，尤其在花岗岩风化形成的 pH 值为 5～7 的土壤上生长最佳。

2. 观赏应用

大花金鸡菊花期较长，多在少花的初夏至秋季盛开。有重瓣种，开花一片金黄，观赏价值极高。枝叶密集，尤其是冬季幼叶萌生，鲜绿成片；夏秋之间，花大色艳，常开不绝，可观叶也可观花。是草地边缘、坡地、庭院草坪的良好美化材料，也可作切花，还可用作地被、花境。

3. 地栽大花金鸡菊安全高效施肥

（1）栽植基肥 栽植时，在整地前将基肥均匀翻入土中。每亩可施生物有机肥 50～70 千克，或商品有机肥 100～150 千克，或无害化处理过的腐熟猪圈粪 1000~1500 千克，或无害化处理过的腐熟牛圈粪 1000~1500 千克，或无害化处理过的腐熟堆肥 1500~2000 千克，或无害化处理过的腐熟饼肥 100~120 千克，或无害化处理过的腐熟土杂肥 2000~2500 千克，并配施腐殖酸型过磷酸钙 20~30 千克。

（2）生长期追肥　大花金鸡菊的生长期管理也比较简单，其耐寒，耐旱，喜光，耐半阴，对二氧化硫有较强的抗性。在大花金鸡菊移植一次后，就可栽入花坛中，在这期间追施 2~3 次液肥，同时配施磷、钾肥，使其枝繁叶茂，花朵繁盛。每次每亩浇施 10% 腐熟厩肥粪水，或施腐殖酸型高效缓释复混肥（15-10-15）10~15 千克，或施氮磷钾复合肥（5-20-26）8~10 千克。大花金鸡菊盛开在5、6 月份，花期很长，往往是一茬接一茬地开，只需摘残花，新的花蕾很快便会长出，在开花期也不必浇水很勤。

（3）叶面喷肥　生长期叶面喷施 600~800 倍含腐殖酸水溶肥料，或 600~800 倍含氨基酸水溶肥料，或 600 倍高活性有机酸叶面肥 1~2 次。花期喷施 500 倍活力钾或生物钾叶面肥，或 0.2%~0.3% 磷酸二氢钾液肥。

八、大叶花烛

大叶花烛（图 1-53）别名红掌、安祖花、大红团扇、灯台花、烛台花，原产于南美洲热带雨林，现我国各地均有栽培。

1. 生长习性

大叶花烛为天南星科花烛属常绿宿根类草本植物。大叶花烛性喜温暖、湿润，忌炎热和阳光直射，要求富含腐殖质的酸性肥沃土壤。

2. 观赏应用

大叶花烛花朵独特，为佛焰苞，有黄色、鲜红色、白色、紫带白斑、白带粉斑、绿带红斑等，色泽鲜艳华丽，色彩丰富，是世界名贵花卉。大叶花烛象征着"热情"和"高尚情操"，是理想的观

图 1-53 大叶花烛

花观叶花卉。花期长，切花水养可长达 1 个半月，切叶可作插花的配叶。大叶花烛可作盆栽，盆栽的花期可长达 4～6 个月，周年可开花。

3. 盆栽大叶花烛安全高效施肥

（1）盆栽营养土配制 大叶花烛对土壤要求严格，盆土要疏松、透气、偏酸性，以松针土、草灰土或腐叶土与珍珠岩按 3：1 的比例混合配制，适当添加腐熟马粪。也可因地制宜地自制松针土，再加入适量的珍珠岩、草木灰及过磷酸钙配制使用，效果亦很理想。

（2）肥水管理 大叶花烛原产于热带，需在高温高湿的环境栽培，相对湿度应在 60% 以上，但又不宜一次灌水过多，要经常用微温的软水或雨水浇。大叶花烛喜光，但又畏夏季中午的强光照射，温度变化剧烈对其生长不利，应在适当阴凉的弱光下栽培，夏季最适温度为 20～25℃。在北方地区，水质盐分较高，宜导致盆土盐碱化，应每隔 7～10 天浇 1 次水或 1：50 的米醋溶液或 1：2000 的硫酸亚铁溶液，亦可用吃剩下的水果皮、核发酵后的溶液或发酵后的淘米水浇灌。由于花期长、叶片肥大、消耗养分多，应 2～3 年换 1 次盆，一般在春天进行。

（3）适时追肥 可采用豆饼 20 千克，过磷酸钙或猪粪、鸡粪

15千克，加骨粉2.5千克、硫酸亚铁2.5千克、水250千克，晒沤30天的矾肥水，稀释100倍，缓缓浇入根部，每隔15天浇1次。施肥后喷淋1遍清水，以防肥液滞留而损伤叶片。大叶花烛对水质要求比较严格，地表水和地下水需调整修正后才能使用，栽培时，灌溉及配肥用水最好使用雨水。

（4）叶面喷肥　由于大叶花烛对铁、锰、硼、铜、锌、钼等微量元素的要求很严格，在基质和肥液酸碱度不合理的情况下，极易发生缺素症，而且植株对营养元素的选择吸收也会影响到基质的酸碱度，因此必须定期检测，使基质的pH值保持在5.2~6.2。可叶面喷施600~800倍含腐殖酸水溶肥料或600~800倍含氨基酸水溶肥料或600倍高活性有机酸叶面肥，同时喷施600~1000倍复合微量元素水溶肥料进行预防。

第四节

球根观花类花卉安全高效施肥技术

一、荷花

荷花（图1-54）别名莲花、水芙蓉、藕花、芙蕖、水芝、水华、泽芝、中国莲，一般分布在中亚、西亚、北美以及印度、中国、日本等亚热带和温带地区。荷花在我国除西藏自治区和青海省外，全国大部分地区都有栽培。

1. 生长习性

荷花为睡莲科莲属水生花卉。荷花性喜光，忌阴，喜水，忌干，好生于肥沃、富含腐殖质的偏酸性黏土上。

2. 观赏应用

荷花是我国"十大名花"之一，花色有红、粉红、白、紫等色，或有彩纹、镶边，叶大花丽，清香远溢。"接天莲叶无穷碧，映日荷花别样红"就是对荷花之美的真实写照。荷花"中通外直，不蔓不枝，出淤泥而不染，濯清涟而不妖"的高尚品格，历来为古

图1-54 荷花

往今来诗人墨客歌咏绘画的题材之一。

荷花可装点水面景观形成专类园，如武汉东湖磨山的园林植物园、南京莫愁湖、杭州曲院风荷、广东三水的荷花世界、湖南岳阳的团湖风景区。

荷花在山水园林中作为主题水景植物。江南一带名园多设有欣赏荷花风景的建筑，如扬州瘦西湖在堤上建有"荷花桥"，桥上玉亭高低错落，造型古朴淡雅，精美别致，与湖中荷花相映成趣，是瘦西湖的风景最佳处；岳阳金鹗山公园的荷香坊临水而建，与曲栏遥相贯通，香蒲熏风，雨中赏荷，深受群众喜爱。

作四季有花可赏中的夏花。荷花的绿色观赏期长达8个月，群体花期在2～3个月。夏秋时节，人乏蝉鸣，桃李无言，亭亭荷莲在一汪碧水中散发着沁人清香，使人心旷神怡。

作多层次配置中的前景、中景、主景，柳荷并栽就是典型的手法。刘鹗在《老残游记》中曾用"四面荷花三面柳，一城山色半城湖"来概括济南大明湖。湖南湘潭的雨湖公园春季柳絮纷飞，小荷露尖；夏秋花叶亭亭，柳丝翠绿；冬季柳丝披雪，残荷有声，不失为佳景胜地。

荷花既可盆栽、缸栽、碗栽，也可作插花的好材料，花、莲蓬均可用于切花。荷花全身皆宝，藕和莲子能食用，莲子、根茎、藕节、荷叶、花及种子的胚芽等都可入药。

3.池栽荷花安全高效施肥

（1）深翻施基肥　在南方池栽荷花于 4 月进行。先将池中水抽干，进行深翻，放入充足的基肥。每亩可施生物有机肥 50～70 千克，或商品有机肥 100～150 千克，或无害化处理过的腐熟猪圈粪 1000～1500 千克，或无害化处理过的腐熟牛圈粪 1000～1500 千克，或无害化处理过的腐熟堆肥 1500～2000 千克，或无害化处理过的腐熟鸡粪 100～150 千克，或无害化处理过的腐熟饼肥 80～100 千克，并配施腐殖酸型过磷酸钙 30～40 千克，使池泥成糊状。将藕块横埋入土中，尾节向下，覆一层土，待顶芽露出土面后，用竹篾固定芽。

在北方，应选土建池。以有机质丰富的肥沃黏土为好，并施足基肥。每亩可施生物有机肥 100～120 千克，或商品有机肥 150～200 千克，或无害化处理过的腐熟猪圈粪 1500～2000 千克，或无害化处理过的腐熟牛圈粪 1500～2000 千克，或无害化处理过的腐熟堆肥 2000～2500 千克，或无害化处理过的腐熟鸡粪 150～200 千克，或无害化处理过的腐熟饼肥 100～150 千克，并配施腐殖酸型过磷酸钙 30～50 千克。

（2）生长期追肥　除施足基肥外，在荷花生长期中应追施 2～3 次肥料。即在 3～4 片叶时进行第一次追肥，在后把叶出现时进行第二次追肥，以促其长藕。每次每亩施生物有机肥 75 千克，或商品有机肥 100 千克，或无害化处理过的腐熟厩肥 750 千克，或无害化处理过的腐熟堆肥 1000 千克。

4.缸栽荷花安全高效施肥

（1）基肥　缸内填肥沃的河泥、塘泥，去除石砾、杂质，过筛，加入有机肥作基肥，按每平方米施生物有机肥 0.20 千克，或商品有机肥 0.40 千克，或无害化处理过的腐熟厩肥 1.0 千克，或无害化处理过的腐熟堆肥 1.5 千克，调成糊状，厚 20～25 厘米，播种后再覆层土。

（2）追肥　到 5 月中旬见小叶露出水面时应追肥 1 次，以腐熟有机肥为主，待立叶抽出后再追肥 1 次，直至长蕾开花。每次每平方米施生物有机肥 0.15 千克，或商品有机肥 0.30 千克，或无害化处理过的腐熟厩肥 0.6 千克，或无害化处理过的腐熟堆肥 1.0 千克。

（3）叶面喷肥　生长期叶面喷施 600～800 倍含腐殖酸水溶肥料，或 600～800 倍含氨基酸水溶肥料，或 600 倍高活性有机酸叶面肥 1～2 次。花期喷施 500 倍活力钾或生物钾叶面肥，或 0.2%～0.3%磷酸二氢钾液肥。

5. 盆（碗）栽荷花安全高效施肥

（1）盆栽营养土配制　以家养观赏为多，应选小花径于清明节前后栽植。选用 20～25 厘米口径、深 15～20 厘米的碗或水盆为宜。盆栽荷花时的培养土可用 9 份河泥土、1 份腐熟鸡粪混合均匀配制；也可用缓控释复混肥、蹄角粉、鸽粪、牛粪、园土按 1：4：10：25：350 比例进行配制；或用磷酸二铵、牛粪、园土按 1：20：100 比例进行配制。

（2）栽植追肥　盆栽荷花，见小叶露出水面时应追肥 1 次，每碗施有机肥 50 克、增效尿素 20 克、磷酸二氢钾 10 克，盆栽施肥量为碗栽的 2/3。在孕蕾期施腐熟饼肥 2～3 克，水量不宜过多或过少，入冬要移至室内保暖和保湿。

（3）叶面喷肥　生长期叶面喷施 600～800 倍含腐殖酸水溶肥料，或 600～800 倍含氨基酸水溶肥料，或 600 倍高活性有机酸叶面肥 1～2 次。花期喷施 500 倍活力钾或生物钾叶面肥，或 0，2%～0.3%磷酸二氢钾液肥。

二、水仙

水仙（图 1-55）别名凌波仙子、金盏银台、落神香妃、玉玲珑、金银台、天葱等，原产于我国东部沿海地区，浙江、福建、上海沿海岛屿自生，现全国各地均有栽培。

图 1-55　水仙

1. 生长习性

水仙为石蒜科水仙属多年生草本植物。水仙喜光，喜水，喜肥，适于温暖、湿润的气候条件，以疏松肥沃、土层深厚的冲积砂壤土为最宜，pH 值在 5～7.5 时均宜生长。

2. 观赏应用

水仙是我国"十大名花"之一，株丛低矮，株态清雅，叶片秀美，独具天然丽质，芬芳清新，素洁幽雅，超凡脱俗。水仙与兰花、菊花、菖蒲并列为花中"四雅"，又与梅花、山茶花、迎春花并列为雪中"四友"。它只要一碟清水、几粒卵石，置于案头窗台，就能在万花凋零的寒冬腊月展翠吐芳，春意盎然，祥瑞温馨。人们用它庆贺新年，作"岁朝清供"的年花。

水仙多以盆栽为主，既宜置于案几、书房、居室、厅堂观赏，也宜种植在花坛、花径、疏林、草坪，还可以作为切花材料，具有极高的观赏价值。水仙在客厅，能让人感到宁静、温馨；在书房和卧室，能营造出一种恬静舒适的气氛。

3.水仙繁殖栽培安全高效施肥

水仙是秋植球根类，地栽的水仙，从秋季开始生长，第二年春季3～4月开花，6月中下旬地上部分渐渐枯萎，进入休眠期。因水仙高度不孕，没有种子，故只能采用无性繁殖。常用的有分球繁殖和双鳞片繁殖。

（1）一年生（芽仔）繁殖栽培施肥　水仙的分球繁殖，是一种累年连续的过程，从第一次分子球开始，要经3年（实为4个年头）的栽培才能成为商品鳞茎。

① 整地施肥　整地前每亩施生物有机肥50～100千克，或商品有机肥100～150千克，或无害化处理过的腐熟猪圈粪1000千克，或无害化处理过的腐熟牛圈粪1000千克，或无害化处理过的腐熟堆肥1500千克。芽仔是小侧鳞茎，也叫子球，是从三年生鳞茎上掰下来的。一般在11月上中旬下种，采用撒播法，株距5～6厘米。播后覆土3～5厘米，上覆稻草。

② 适时追肥　播种7～10天后及苗齐后追施两次以氮肥为主的速效肥，每次可采用豆饼20千克、猪粪或鸡粪15千克、骨粉2.5千克、硫酸亚铁2.5千克、水250千克，晒沤30天的矾肥水稀释100倍，缓缓浇入根部；或用0.2%硝酸铵溶液缓缓浇入根部。沟灌时，水淹至畦面下5～10厘米即放干沟水。立夏后地上部逐渐枯萎，至芒种前挖收，即是二年生的鳞茎，俗称"钻仔"，用作第二年繁殖栽培。

（2）二年生（钻仔）繁殖栽培施肥　鳞茎形状似钻头，俗称为"钻仔头"。钻仔的栽培技术基本与芽仔相同，仅播种、管理有些差异。

① 整地做畦　整地前每亩施生物有机肥50～100千克，或商品有机肥100～150千克，或无害化处理过的腐熟猪圈粪1000千克，或无害化处理过的腐熟牛圈粪1000千克，或无害化处理过的腐熟堆肥1500千克。在畦面开横沟，沟距30厘米，沟深10厘米左右，沟宽20～25厘米。播种时将钻仔头朝上，排列在横沟两侧，株距10厘米左右，稍用力将钻仔按入土中，然后用土覆盖，摊平，

覆盖稻草。

② 适时追肥　在钻仔出齐苗后，追肥 1 次，用人粪尿和速效氮。每亩施人粪尿 750 千克、尿素 0.5～1 千克；或用沼渣与沼液按 1：2 比例混合，每亩施 600 升。翌年 1 月底或 2 月初再追肥 1 次，施肥量同第一次。春分过后追施磷、钾肥 1 次，每亩施腐殖酸型过磷酸钙 10～15 千克、大粒钾肥 3～5 千克，以促进鳞茎膨大。

③ 叶面喷肥　出苗后 15 天叶面喷施 600～800 倍含腐殖酸水溶肥料，或 600～800 倍含氨基酸水溶肥料，或 600 倍高活性有机酸叶面肥。春分过后可施 0.1％～0.2％磷酸二氢钾液肥。

（3）三年生（种仔）繁殖栽培施肥　种仔是中国水仙商品鳞茎——花头，用作最后一年栽培。种仔的优劣对培植商品鳞茎至关重要。种植前一定要对种仔进行严格选择和特殊处理——阉刈。

种仔种前必须去病虫为害、去小、去劣。优良种仔的标准为：鳞茎端正，大小均匀，围径在 15 厘米左右；鳞茎盘小而坚实，有两圈根点；皮膜金黄色、有光泽，无"漏底"（根盘因病为害无根点）、无伤缺。将种仔旁的侧鳞茎（芽仔）掰去，伤口用 40％的福尔马林 120 倍溶液消毒。

4. 旱地栽培水仙安全高效施肥

（1）整地做畦　旱地栽培水仙应选择土质疏松、背风向阳、土壤肥沃的农田，深耕细耙，平整表土。整成长宽为 6 米×1.5 米的畦。每亩施入生物有机肥 50～100 千克，或商品有机肥 150～200 千克，或无害化处理过的腐熟猪圈粪 1000～1500 千克，或无害化处理过的腐熟牛圈粪 1000～1500 千克，或无害化处理过的腐熟堆肥 1500～2000 千克，或无害化处理过的腐熟鸡粪 80～100 千克，或无害化处理过的腐熟饼肥 50～80 千克，配施腐殖酸型过磷酸钙 20～30 千克，并与畦土混匀、整平。

（2）栽植肥水管理　栽植期在霜降前后。在畦面开挖行距 40 厘米、深 5 厘米左右的沟，株距为 20 厘米左右，每亩种植 5000 粒左右。栽后覆土、整平，畦面覆盖稻草。种植后即行灌水，水从畦沟引入，淹至畦面下 10 厘米，让水渗入畦中，至畦面呈湿润状态时排干水。

可在春节前追施以氮肥为主的速效肥 1 次，每亩施人粪尿 1200 千克、尿素 5～10 千克；或用沼渣与沼液按 1∶2 比例混合，每亩施 1500 升。春节过后视情况再追施速效氮磷钾肥 1 次，每亩施三元复合肥（15-15-15）10～15 千克。

（3）叶面喷肥　生长盛期可叶面喷施 600～800 倍含腐殖酸水溶肥料或 600～800 倍含氨基酸水溶肥料或 600 倍高活性有机酸叶面肥 1～2 次，并同时喷施 0.2%～0.3% 磷酸二氢钾液肥。

5. 水田栽培水仙安全高效施肥

整个生长发育过程用灌水栽培、干湿交替的灌溉方法管理。

（1）整地做畦　水仙田应选择背风向阳、排灌方便、土壤肥沃的田地。先将田土深翻，放水浸泡 1～2 周，将病虫害、杂草浸杀后再放水排干，待畦面稍干时上下翻晒整畦。畦宽 140～160 厘米，畦面高出沟底 30～40 厘米。

畦面整平后开沟种植，行距 40 厘米，沟深 15 厘米左右，将已阉刈好的种仔放入沟中，头向上，阉刈伤口向沟两侧，将土推平、压实。种植后即引水沟灌，水深要保持在沟底至畦面 3/5 处，让水慢慢渗入畦内，待畦面湿润时即可排水。用稻草覆盖畦面，厚度为 5 厘米左右。

（2）适时追肥　在鳞茎开始膨大时要追施速效氮和磷酸二氢钾，每亩施腐熟人粪尿 200 千克、尿素 1 千克、磷酸二氢钾 0.5 千克。立春前后，如叶色偏淡，可于晴天每亩追施腐熟人粪尿 300 千克、钙镁磷肥 0.6 千克。芒种节地上部停止生长并逐渐萎黄，待完全枯干后即可挖收鳞茎。挖出的花头用田泥涂盖在茎盘凹处，晾晒，一般至田泥干涸即可贮藏。

（3）叶面喷肥　生长盛期可叶面喷施 600～800 倍含腐殖酸水溶肥料或 600～800 倍含氨基酸水溶肥料或 600 倍高活性有机酸叶面肥 1～2 次，并同时喷施 0.2%～0.3% 磷酸二氢钾液肥。

6. 无土栽培水仙安全高效施肥

（1）栽培基质　无土栽培需要盛营养液的栽培槽，槽宽 150 厘米以内，深度 30～40 厘米。为了通气方便，槽底垫石块，槽内放栽培介质，如蛭石、腐熟木屑、珍珠岩等。冬天要设防寒保暖的覆盖膜。

（2）适时追肥　生长期间的营养液元素要全面，大量元素氮（N）、磷（P_2O_5）、钾（K_2O）比例为 1：1：1，微量元素适量，pH值为 6～7。

初栽时每周追施 1～2 次肥，生长旺盛期每周追施 2～3 次肥，不浇肥时浇清水，5 月后停止施肥，不再浇水。5 月底选晴天把鳞茎球挖出，去掉叶片及须根，并在鳞茎盘处裹上护根泥，然后将护根泥朝上在日光下晒干，即可贮藏。

三、郁金香

郁金香（图 1-56）别名洋荷花、草麝香、郁香，原产于土耳其、伊朗、阿富汗等地，现我国各大城市均有栽培。

图 1-56　郁金香

1. 生长习性

郁金香为百合科郁金香属多年生草本花卉。郁金香属长日照花卉，性喜向阳、避风，耐寒性很强，但怕酷暑。要求腐殖质丰富、疏松肥沃、排水良好的微酸性砂壤土，忌碱土和连作。

2. 观赏应用

郁金香花色有白、粉红、洋红、紫、褐、黄、橙等，深浅不一，单色或复色。郁金香不仅是世界著名的球根类花卉，还是优良的切花品种。花卉刚劲挺拔，叶色素雅秀丽，荷花似的花朵端庄动人，惹人喜爱。在欧美被视为胜利和美好的象征。矮壮品种宜布置春季花坛；高茎品种适宜作切花，或配置花境、布置花坛，也可丛植于草坪边缘；中矮品种适宜盆栽，可作室内装饰，点缀客厅、餐厅。

3. 郁金香鳞茎繁殖安全高效施肥

郁金香大都采用无性繁殖。鳞茎是更新和无性繁殖的器官。在种植郁金香时，只有采取严格的技术措施，保证其母球在整个生长发育过程中有最佳的生活条件，才能达到种植的目的。

（1）种植园选择　种植郁金香的地块要求平整、阳光充足。种植地段若有大风或冷风影响，则应设立风障或种植常绿灌木挡风。郁金香对土壤要求虽不十分严格，但应注意选择冲积的肥沃轻砂壤土和透水性、保水性良好且富含有机质、疏松肥沃的壤土。经过改良的重壤土、黏土等种植郁金香时，要经常进行松土，每次浇水或雨后一定要松土。

在淤积滩地和地下水位高的地段，不宜种植郁金香。如确实没有较好的土壤，则要挖排水沟，使地下水位明显下降（在重黏土壤内的地下水位下降40～60厘米，轻砂壤土内的地下水位下降100～140厘米），或进行高垄种植。

郁金香适宜中性和微碱性土壤。因此，在种过水稻或微酸性土壤上种植郁金香时，必须施用石灰，调节酸碱度。施用量根据土壤酸度决定，以达到 pH 值为 7.0～7.5 为宜。

郁金香忌连作，种植 1 年后必须休闲 3 年以上，或改种其他禾本科、豆科作物，3 年后再种植郁金香。

前茬作物收获后，应立即深翻晾晒，消灭病菌孢子。晾晒时间至少 15 天以上，然后施入大量腐熟厩肥、其他有机肥及农药。

（2）施足基肥　基肥一般可每亩施生物有机肥 50～80 千克，或商品有机肥 100～150 千克，或无害化处理过的腐熟猪圈粪 1500～2000 千克，或无害化处理过的腐熟牛圈粪 1500～2000 千克，或无害化处理过的腐熟堆肥 2000～3000 千克，或无害化处理过的腐熟鸡粪 150～200 千克，或无害化处理过的腐熟饼肥 100～150 千克，并配施腐殖酸型过磷酸钙 30～40 千克、大粒钾肥 12～15 千克。基肥施入后，再一次深翻耙糖，使土壤与肥料充分拌匀，并使撒入的消灭病害的农药深入土中。经过 15 天后，平整做床或垄，待播。如果需要加石灰，则在第一次深翻时即应施入。挖排水沟、做高垄等则在第二次深翻后进行。

（3）适时追肥　磷、钾肥适宜在整地时作基肥 1 次施足。氮肥则应在种植时施入种植沟内，或在种植后 7～10 天追施。早春积雪融化时，追施第一次肥料。此时，肥料易于渗入土壤内被根系吸收。追肥要求速溶的硫酸铵 10 千克/亩或尿素 8 千克/亩、钾肥 15 千克/亩、复合肥 10 千克/亩。根据土壤质地进行混合使用效果更好。例如沙土，施肥比例是氮肥 6%、磷肥 18%、钾肥 18%，秋季多雨地区或轻壤土，增加氮肥 4%，其他不变；重黏土，施肥比例是氮肥 12%、磷肥 10%、钾肥 18%。

郁金香在生长发育期内，共追施 4 次肥：第一次在发芽出土时，每亩追施氮肥 10～20 千克、磷肥 6～15 千克；第二次在现蕾期，每亩追施过磷酸钙 10～15 千克、钾肥 5～8 千克；第三次在开花前，每亩追施钾肥 10～15 千克、过磷酸钙 10～15 千克，这次追肥也可采用根外追施的办法，在 1000 千克水中，加入郁金香专用肥料（市售名称），按说明使用，每亩用溶液量为 100 千克；第四次在花谢后，种球开始迅速发育时，追肥用量和配方与第三次相同。如喷过肥料后 1 天内下雨，肥料会被冲洗掉，需重喷。

4. 郁金香促成栽培安全高效施肥

（1）基质施肥　保肥保水力强且透水、透气性能良好、pH 值为 6.5～7.5、无病菌孢子的虫卵的材料均可作为郁金香促成栽培的基质，如经过消毒的纯净河沙、泥炭土或二者的混合物、蛭石、珍珠岩、无菌园土和河沙的混合物等。基质应除去有害杂质，洗净，药物消毒，并在基质中拌入 2％氮肥液和 4％钾肥液。

（2）适时追肥　为了按期获得高质量的鲜花，需及时追肥。依鳞茎级别而决定追肥次数、数量及肥料种类。施追肥的方法如下：

① 鳞茎已生根而未萌芽时，用硝酸铵和硫酸钾溶液施入基质内，浓度为 1％，用量每亩约为 5 千克。盆栽或其他容器栽培，按此比例推算。当幼苗出齐后，再用硝酸铵、硝酸钙追施 1 次，浓度与用量与第一次追肥相同。

② 真叶展开后，花蕾初现，应增施微量元素 1 次，其用量、浓度方法如下：取硝酸钙、硝酸钾各 100 克，硝酸镁 60 克，硫酸铁 1 克，硫酸铜 0.5 克，硼酸、硫酸钾各 0.5 克，硫酸锰 0.4 克，钼酸钠或钼酸铵 0.1 克，混合溶解于 10000 毫升水中，待所有营养元素溶解后，即成母液，贮存备用。用时加水稀释 10 倍。用喷雾器将溶液均匀地喷洒在茎叶上，每亩用量为 50 升，阴天或早晨、傍晚进行，雨前或阳光强时不能喷洒。阳光好时，喷洒后 5～6 小时，需再喷 1 次干净的清水。如在温室、塑料大棚内进行促成栽培，喷洒微量元素前，应设法使气温升高，然后喷洒。为了使营养液与叶面接触良好，在配好的微量元素溶液中，加放少量肥皂液，或稀释的木工用胶液，或马铃薯淀粉溶液，均可达到预期的目的。

③ 植株高达 5～7 厘米时，用硝酸钾 250 克或草木灰 1000 克，加水 100 升，溶解过滤后，直接施入土壤。现蕾初期用同样浓度同样成分再施 1 次。

④ 开花前，每亩喷洒 1％硝酸钾溶液 12.5 千克。剪花后，保留鳞茎继续种植时，及时喷洒同样浓度同样成分的水溶液，每亩喷 25 千克。

四、百合

百合（图 1-57）别名山蒜头、番韭、山丹、倒仙，原产于我国，我国东南、西南及河南、河北、陕西、甘肃等地区均有栽培。

1. 生长习性

百合为百合科百合属多年生草本花卉。百合喜凉爽，较耐寒，

图 1-57　百合

在高温地区生长不良，喜干燥，怕水涝。对土壤要求不严，宜生于
向阳、地势高燥、土层深厚、肥沃疏松、排水良好的砂壤土，忌干
燥的石灰性土壤，忌连作。

2.观赏应用

百合花姿雅致，叶片青翠娟秀，茎秆亭亭玉立，是名贵的切花
新秀。百合有"百事合意，百年好合"之意，花期长，花色艳丽，
在园林中宜片植于疏林、草地，或布置花境。常以鲜切花为主，也
是盆栽佳品。

3.地栽百合安全高效施肥

（1）整地施肥　百合喜肥，为适合百合两层根系的习性，土地
必须深翻，一般要求深翻 25～30 厘米。深翻前最好先撒一层有机
肥，每亩施生物有机肥 50～100 千克，或商品有机肥 150～200 千
克，或无害化处理过的腐熟猪圈粪 1500～2000 千克，或无害化处
理过的腐熟牛圈粪 1500～2000 千克，或无害化处理过的腐熟堆肥
2000～3000 千克，或无害化处理过的腐熟鸡粪 150～200 千克，或
无害化处理过的腐熟饼肥 100～150 千克。

（2）栽植施肥　栽植百合的株行距和深度，从栽培实践中得
出：栽植百合的株距，可以按鳞茎直径的 4 倍计、行距按 6 倍计；

栽植百合的深度则是鳞茎高度的 3～5 倍。栽植方法是按行距开沟，沟底施以基肥，每亩可施生物有机肥 50～70 千克，或商品有机肥 100～150 千克，或无害化处理过的腐熟猪圈粪 1000～1500 千克，或无害化处理过的腐熟牛圈粪 1000～1500 千克，或无害化处理过的腐熟堆肥 1500～2000 千克，或无害化处理过的腐熟鸡粪 100～150 千克，或无害化处理过的腐熟饼肥 80～100 千克，然后放入种球并覆土。栽植时期，一般在 9 月下旬至 10 月中旬。冬季严寒地区和栽培不耐寒的种类时，可改在春季 3 月中下旬进行。

（3）适时追肥　鳞茎发芽出土齐备后，进行 1 次中耕，并追施液肥 1 次。每次可用充分腐熟的鸡粪、发酵豆饼或花生饼按 1：30 兑水浇施，或 10％腐熟人粪尿稀粪水浇施。现蕾时追第二次肥，每亩可追施三元复合肥（5-10-10）或三元复合肥（6-8-12）10～15 千克。

（4）后期管理　5～6 月如遇天气干旱，应浇水 2～3 次。每次浇水或雨后都宜中耕 1 次，不过中耕不能过深，否则伤害支持根，中耕时可向植株基部培一点土。夏季高温多雨季节，除注意排水防涝外，地面可铺草降低土温，以利鳞茎生长。

百合在开花后，便逐渐进入休眠阶段，这时的管理工作主要是防止杂草滋生。待地上部茎叶枯萎时，便可采收（9 月间）。收获的鳞茎要用湿沙贮存，即选背风向阳处（寒冷地区应在室内），底层先铺沙 10～15 厘米，然后平放一层鳞茎，再填沙土一层（5～8 厘米），逐层加高，最后在顶部和周围用 20 厘米厚的沙土封盖。

4. 盆栽百合安全高效施肥

（1）盆栽营养土配制　盆土用园土 5 份、堆肥 3 份和沙 2 份混合调制，调制时加适量钾肥（草木灰）。

（2）上盆定植　用盆大小要求与植株高度相称，株高 50 厘米左右，用口径 18～20 厘米的花盆（植株高的品种，可以采用矮壮素处理）。盆底先铺 1.5～2.0 厘米厚的粗砂一层，然后填盆土 3～5 厘米。盆内放入鳞茎的数量，根据盆和鳞茎的大小而定，通常大球放 1 个，中等球放 2～3 个，小球可适当增加，不过盆栽时都选中等大小以上的鳞茎。

（3）生长期施肥　冬季可把盆埋在土里或搬进室内越冬。翌年生长期的管理，必须要注意及时浇水，夏季应将盆置于半阴的环境下。百合生长期追肥也可采用化肥浇灌和叶面喷施相结合的方法。生长前期用1％尿素（或硝酸铵）和0.5％硫酸镁水溶液浇灌，或用0.1％尿素、0.1％磷酸二氢钾或0.05％硼砂的水溶液喷洒叶面；生长后期用1％硝酸铵、1％硝酸钾水溶液浇灌，或用0.3％硝酸钾、0.1％磷酸二氢钾水溶液喷洒叶面。当叶色变黄时，用.5％硫酸亚铁施入土中，或用0.1％硫酸亚铁喷洒叶面。

五、唐菖蒲

唐菖蒲（图1-58）别名十样锦、剑兰、菖兰、荸荠莲，原产于非洲好望角，南欧、西亚等地中海地区亦有分布。在我国各地均有栽培，主要分布在广东、四川、福建、吉林、辽宁、云南、上海、甘肃、江苏和河北。

图1-58　唐菖蒲

1. 生长习性

唐菖蒲为鸢尾科唐菖蒲属多年生草本花卉。唐菖蒲喜光，畏寒，怕高温，喜温暖，喜通风凉爽环境。适宜于在阳光充足、土层深厚、肥沃疏松、排水良好、pH值不超过7的砂壤土或冲积土上生长，忌洼地，特别喜肥。

2.观赏应用

唐菖蒲是世界著名四大切花之一，人们对唐菖蒲的观赏，不仅在于其形其韵，更重视其内涵。唐菖蒲色系十分丰富：红色系雍容华贵，粉色系娇娆剔透，白色系娟娟素女，紫色系烂漫妩媚，黄色系高洁优雅，橙色系婉丽资艳，堇色系质若娟秀，蓝色系端庄明朗，烟色系古香古色，复色系犹如彩蝶翩翩。唐菖蒲可作为切花、花坛或盆栽。唐菖蒲对氟化氢非常敏感，可用作监测污染的指示植物。

3.地栽唐菖蒲安全高效施肥

（1）整地施肥　栽种前，对土壤进行深翻整地，深度为 30 厘米。结合翻地施入基肥，每亩可施生物有机肥 50～70 千克，或商品有机肥 100～150 千克，或无害化处理过的腐熟猪圈粪 1000～1500 千克，或无害化处理过的腐熟牛圈粪 1000～1500 千克，或无害化处理过的腐熟堆肥 1500～2000 千克，或无害化处理过的腐熟鸡粪 100～150 千克，或无害化处理过的腐熟饼肥 80～100 千克，并配施腐殖酸涂层缓释肥（15-10-15）20～30 千克。稍黏重的土壤需掺入河沙，以改善土壤性质，然后用 40% 福尔马林配成 1∶50 药液，对土壤进行喷洒消毒处理。喷洒完后再用塑料薄膜覆盖一星期，揭去薄膜晾晒 10～15 天后即可种植。

（2）水分管理　定植后要及时浇水，出苗前保持土壤湿润，出芽后两个星期内不再浇水，以利于发根。当幼苗长到 2～3 片叶时，每隔 7～10 天浇 1 次水。露地栽植时，如遇雨水大的天气，要注意排涝，以免球茎腐烂。及时进行根部培土，防止倒伏。

（3）适时追肥　唐菖蒲整个生长期需进行 3 次追肥：第一次在 2 片叶展开后，为促进芽茎叶生长，每亩追施硝酸钙 10～15 千克；第二次在 4 片叶茎伸长孕蕾时，为使花枝粗壮、花朵增大，每亩追施氮磷钾复合肥（5-20-26）10～15 千克；第三次在开花 15 天后，为促进更新球发育，每亩追施氮磷钾复合肥（15-15-15）10～15 千克或腐殖酸涂层缓释肥（15-10-15）15～20 千克。

（4）叶面喷肥　叶面喷肥可用0.2％硝酸铵、0.2％过磷酸钙溶液，从长出第三片叶子后开始，每周喷1次，连喷7次。

六、仙客来

仙客来（图 1-59）别名萝卜海棠、兔耳花、兔子花、一品冠、篝火花、翻瓣莲，原产于希腊、叙利亚、黎巴嫩等地，现我国各地广为栽培。

图 1-59　仙客来

1. 生长习性

仙客来为报春花科仙客来属多年生草本花卉。仙客来性喜温暖，怕炎热，较耐寒，在凉爽的环境下和疏松肥沃、富含腐殖质、排水良好的砂壤土中生长最好。

2. 观赏应用

仙客来花有红、白、粉红、紫红、复色等，叶有齿边。花形别致，娇艳夺目，烂漫多姿，有的品种有香气，观赏价值很高，深受人们喜爱。仙客来既是冬春季节名贵盆花，也是世界花卉市场上最重要的盆栽花卉之一。仙客来花期长，可达 5 个月，花期适逢圣诞节、元旦、春节等节日，市场需求量巨大，生产价值高，经济效益显著。仙客来常用于室内花卉布置，并适合作切花，水养持久。仙客来还可用无土栽培的方法进行盆栽，清洁迷人，适合家庭装饰。

3. 盆栽仙客来安全高效施肥

（1）盆栽营养土配制　盆土材料有河沙、园土、泥炭、腐叶土、牛马粪、炉渣等。盆土配制方法主要有：河沙、园土、牛粪的比例为 4:4:2，再适当加入一些稻壳灰；腐叶土、干牛粪、园土、泥炭、河沙的比例为 3:3:1:1:2；腐叶土、园土、河沙的比例为 4:4:2；园土:干牛粪:河沙的比例为 3:3:2:2；蘑菇渣:腐叶土:干牛粪的比例为 3:4:3 等进行混合配制。

（2）换盆　在 9 月中旬休眠球茎开始萌芽时，应适时换盆。换盆时，盆土不要盖没球茎。刚换盆的球茎发新根时，浇水不宜过多，以防烂球。

（3）合理施肥　在仙客来生长季节，应给予充足的水分，但盆中不能有积水。生长初期主要以氮肥为主，每 10 天施 1 次。生长后期增施磷、钾肥，如骨粉、过磷酸钙等，也可以在整个生长期施 1:1:1 的复合肥，结合浇水时施入。施肥浇水时，应从植株边缘浇入，否则易使植株腐烂。高温休眠期应停止施肥，盆土也应保持略微干燥，切不可过湿。开花后，再施 1 次骨粉，以利于果实发育和种子成熟。进入旺盛生长期时，可浇施 1% 复合肥液，并喷施 1% 磷酸二氢钾叶面肥。

（4）水分管理　在刚移植和换盆时，都要浇透水。在抽出新叶片后，浇水量可适量增加。在幼苗期至开花期之前，最好用雾化好的喷头洒水，这样水珠细，不会伤害叶子，且浇水均匀。在苗期，由于小苗发芽还不齐，甚至有的还没露出土面，此时浇水要更加细心。这个时期基质过干或过湿，都会对后发芽的种苗不利。保持土壤湿润但表层土稍干的方法是：轻洒水直至长出 1 片真叶，当基质表面渐干时，应立即浇水，并浇透；如果种球由红褐色变成绿色，且新叶芽发绿，则说明浇水量过大，应及时控制浇水量；在夏季球茎休眠及开花期间，浇水也不宜太多，否则花易凋谢；温度较低时，浇水量也应随之减少。

七、大岩桐

大岩桐（图 1-60）别名六雪尼、落雪泥，原产于巴西，现我国各地均有栽培。

图 1-60　大岩桐

1. 生长习性

大岩桐为苦苣苔科大岩桐属多年生草本花卉。大岩桐性喜温暖、湿润、半阴，忌强光直射，不耐寒。适宜于在富含腐殖质、疏松肥沃、排水良好的偏酸性砂质土壤中生长。

2. 观赏应用

大岩桐是一种观赏价值很高的室内盆栽花卉，花色有蓝、白、红、紫，有各种斑点。株形小巧，叶片对生，大而肥厚，翠绿秀丽。每年春、秋两季开花，花冠钟状，姹紫嫣红，雍容华贵，花大色艳，花期又长，一株大岩桐可开花几十朵，是节日点缀和装饰室内及窗台的理想盆花。用它布置会议桌、橱窗、茶室，更添欢乐的气氛。

3. 盆栽大岩桐安全高效施肥

（1）盆栽营养土配制　营养土可用细黄沙 5 份、腐叶土 3 份、园土 1 份、腐熟粪末 1 份混合配制而成。也可用腐叶土、园土、厩肥等量混合配制而成。

（2）肥水管理　随着植株的生长，逐渐增加浇水量，使盆土保持湿润。结合浇水，每周可追施1次腐熟的有机肥液，但肥液浓度不能太高，以免发生烂根。每次可用充分腐熟的鸡粪、发酵豆饼或花生饼按1:50兑水浇施，或5%腐熟人粪尿稀粪水浇施。在浇水和施肥时，千万不能将土或肥液沾到叶面或花蕾上，以免花、叶腐烂。

（3）温光调控　大岩桐在生长和开花期间，应避免阳光过强或温度过高，阳光太强会导致植株生长缓慢，因此在春夏季节必须适当遮阴，这样植株才能正常生长。在整个生长期，大岩桐喜欢较高的空气湿度，如果室内空气长时间过于干燥，则会导致其生长不良、叶片发黄，因此需要经常喷水，以维持室内较高的空气湿度。植株在开花后，要逐渐减少浇水，适当增加光照，以促进种子的成熟和球茎的发育。种子在开花后1个月左右即可成熟，大岩桐种子很小，应及时采收晾干后保存。花期过后，植株便进入休眠期，此时要停止浇水，将它放置于室内干燥凉爽的地方，不可使盆土过湿，否则会造成球茎腐烂。

八、美人蕉

美人蕉（图1-61）别名红艳蕉、小花美人蕉、小芭蕉，原产于美洲、印度、马来半岛等热带地区，现我国各地多有栽培。

1. 生长习性

美人蕉为美人蕉科美人蕉属多年生草本植物。美人蕉适应性强，喜高温、湿润，不耐寒和干燥，也不耐涝渍，对土壤要求不严，以土层深厚和土质肥沃为宜。

2. 观赏应用

美人蕉花大，有5枚瓣状退化雄蕊，其中3枚较大，是主要观赏部分，颜色有鲜红色、鲜红色镶金边、橙黄色或有橘红色斑点。美人蕉花大色艳、色彩丰富，花色有乳白色、橘黄色、粉红色、紫红色等，株形好，盛夏之时，亭亭玉立，姿态极惹人喜爱，是园林的灌丛边缘、花丛、花境常用材料。美人蕉既可盆栽，也可地栽，装饰花坛。

图 1-61　美人蕉

3. 地栽美人蕉安全高效施肥

（1）栽植基肥　美人蕉的栽植时期，一般是在春季终霜以后。栽植时，除土地应深翻外，栽植穴底还应施基肥。基肥可用腐熟的有机肥，并加适量磷肥。每亩可施生物有机肥 50～70 千克，或商品有机肥 100～150 千克，或无害化处理过的腐熟猪圈粪 1000～1500 千克，或无害化处理过的腐熟牛圈粪 1000～1500 千克，或无害化处理过的腐熟堆肥 1500～2000 千克，或无害化处理过的腐熟鸡粪 100～150 千克，或无害化处理过的腐熟饼肥 80～100 千克，并配施腐殖酸型过磷酸钙 30～40 千克或增效磷酸二铵 10～15 千克。基肥上覆土 2～3 厘米，然后放入根茎，根茎上的覆土厚度为10～20 厘米。以观花为目的者宜浅，以繁殖为目的者宜深。

（2）适时追肥　一般在春季当美人蕉的嫩芽开始萌动时施用一次疏松有机肥，以鸡粪为主，混施一次复合肥和尿素。一般每亩施无害化处理过的腐熟鸡粪 100～150 千克、腐殖酸涂层缓释肥（15-

10-15) 10～15 千克、增效尿素 5～10 千克。

进入生长、开花期的植株，由于生长快、开花多，需要不断追肥，每 25 天结合松土施一次花生饼或鸡粪拌施磷肥，效果更好，能有效促进花的生长，加深花色，使叶大色绿。一般每亩施无害化处理过的腐熟鸡粪 150～200 千克或腐熟饼肥 100～150 千克，并配施腐殖酸型过磷酸钙 20～30 千克或增效磷酸二铵 8～10 千克。

冬季美人蕉进入休眠期，但有些地区气候温暖，如果养护得当，美人蕉花期可延续至全年，这个时期应注意对磷、钾肥的补充，以增强植株的抗寒能力。一般可每亩施腐殖酸型过磷酸钙 10～15 千克、大粒钾肥 5～10 千克。

（3）叶面喷肥 春季生长期叶面喷施 600～800 倍含腐殖酸水溶肥料，或 600～800 倍含氨基酸水溶肥料，或 600 倍高活性有机酸叶面肥 1 次。花期喷施 500 倍活力钾或生物钾叶面肥，或 0.2%～0.3%磷酸二氢钾液肥 1 次。

九、风信子

风信子（图 1-62）别名洋水仙、西洋水仙、五色水仙、时样锦，原产于地中海沿岸及小亚细亚一带，目前我国各地已广泛栽培。

1. 生长习性

风信子为风信子科风信子属多年草本生球根类花卉。风信子喜阳、耐寒，适合生长在冬季温暖湿润和夏季凉爽稍干燥、阳光充足或半阴的环境。喜肥，适宜于在疏松肥沃、排水良好的砂壤土中生长，忌低湿、黏重土壤。

2. 观赏应用

风信子植株低矮整齐，花序端庄，花色丰富，花色有蓝色、粉红色、白色、鹅黄色、紫色、黄色、绯红色、红色等八个品系，具芳香，花姿美丽，既是早春开花的著名球根类花卉之一，也是重要的盆花种类。风信子既适于布置花坛、花境和花槽，也可作切花、盆栽或水养观赏。风信子有滤尘作用，花香能稳定情绪、消除疲

图 1-62　风信子

劳，花除供观赏外，还可提取芳香油。

3.盆栽风信子安全高效施肥

（1）盆栽营养土配制　盆栽时，可选用腐叶土 5 份、园土 3 份、沙土 2 份混合配制营养土。盆栽土壤或混合物应选用 pH 值为 6～7 的。

（2）上盆栽植　每盆最好是种植 1 个或 3～5 个种球。盆底必须留口以便排水。种植时可将盆中填满土，将种球压入土里，在种球顶部压一层粗砂（最少 3 厘米厚）或盖一层泡沫塑料；有时也可把架子压在上面，待 3～4 周后种球生根充分后，将盖在上面的架子移开，以避免对芽产生影响，而架子可在下一次栽培中使用。种植密度依盆的尺寸而定，但每平方米最多不要超过 200 个种球。种植后，应浇透水但不要过度。

（3）施肥管理　风信子施肥管理比较简单，由于种球的贮存营养物质一般能够满足其生长需要，通常可不考虑施肥。为了提高花的观赏效果，可在叶生长期叶面喷施 600～800 倍含腐殖酸水溶肥料，或 600～800 倍含氨基酸水溶肥料，或 600 倍高活性有机酸叶面肥，或 1000 倍大量元素水溶肥料，或 0.2% 尿素溶液 1 次。在现蕾期叶面喷施 500 倍活力钾或生物钾叶面肥，或 0.2%～0.3% 磷酸二氢钾液肥 1 次。

十、大丽花

大丽花（图 1-63）别名为大理花、天竺牡丹、东洋菊、大丽菊、地瓜花，原产于墨西哥，现我国各地均有栽培。

图 1-63　大丽花

1. 生长习性

大丽花为菊科大丽花属多年生草本花卉，有巨大棒状块根。大丽花对水的要求极为严格，喜暖，喜光，畏寒，忌湿，需种植在排水良好、富含腐殖质、疏松肥沃的砂壤土中。

2. 观赏应用

大丽花花期长，花径大，花朵多，花色多。北方花期从 5 月至

11月中旬，以秋后开花最盛。精品大丽花最大花径可达到 30～40 厘米，是目前花卉中独一无二的。有白色、红色、黄色、粉色、橙黄色、紫色、复色等花色，有球型、菊花型、牡丹型、装饰型、碟型、盘型、绣球型和芍药型等花型的品种群体，以色彩瑰丽、花朵优美而闻名。因此大丽花适合丛植于花坛、花径或庭前，矮生品种可作盆栽。

3.地栽大丽花安全高效施肥

（1）栽植基肥　可选择透光通风向阳处挖定植穴，炉灰掺沙再加腐熟有机肥，配合复合肥（2-10-10 或 2-20-12）作基肥。每亩可施生物有机肥 50～70 千克，或商品有机肥 100～150 千克，或无害化处理过的腐熟猪圈粪 1000～1500 千克，或无害化处理过的腐熟牛圈粪 1000～1500 千克，或无害化处理过的腐熟堆肥 1500～2000 千克，或无害化处理过的腐熟鸡粪 100～150 千克，或无害化处理过的腐熟饼肥 80～100 千克，并配施高磷高钾复合肥（2-20-12）10～15 千克或高磷高钾复合肥（2-10-10）15～20 千克。由于肉质根内贮藏的养分可供苗期生长所需，基肥不必加添速效氮水，以免株形过于高大反而不美。

（2）适时追肥　大丽花是非常需肥的花卉，追肥需要定期进行。除高温季节外，每半个月左右施 1 次，以施发酵的有机液肥为好，也可离株中心 20～25 厘米处施复合肥料。每次可用充分腐熟的鸡粪、发酵豆饼或花生饼按 1∶20 兑水浇施，或 10％腐熟人粪尿稀粪水浇施，或腐殖酸涂层缓释肥（15-10-15）10～15 千克浇施。高浓度氮肥将减少开花数量，不宜施用。立秋谢花后，应继续追施 1～2 次肥，使其再次开花，施用量同上。

（3）叶面喷肥　在茎叶生长期叶面喷施 600～800 倍含腐殖酸水溶肥料，或 600～800 倍含氨基酸水溶肥料，或 600 倍高活性有机酸叶面肥，或 1000 倍大量元素水溶肥料，或 0.2％尿素溶液 1 次。在花蕾透色时叶面喷施 500 倍活力钾或生物钾叶面肥和 0.5％腐殖酸型过磷酸钙液肥或 0.2％～0.3％磷酸二氢钾液肥 1 次。

第二章

观叶类花卉安全高效施肥技术

观叶类花卉，植株叶形奇特，形状不一，挺拔直立，叶色翠绿，以观叶为主，主要有草本观叶类、灌木观叶类、乔木观叶类、藤本观叶类、棕榈状观叶类等类型。

第一节

草本观叶类花卉安全高效施肥技术

一、彩叶草

彩叶草（图 2-1）别名五彩苏、老来少、五色草、锦紫苏，原产于热带、亚热带地区，现我国各地多有栽培。

图 2-1　彩叶草

1. 生长习性

彩叶草为唇形科鞘蕊花属多年生草本植物，多作一年生栽培。彩叶草喜阳光充足、湿润、半阴环境，不耐寒。适宜疏松肥沃、排水良好的砂壤土。

2. 观赏应用

彩叶草色彩鲜艳，品种甚多，繁殖容易，为应用较广的观叶类花卉。室内摆设多为中小型盆栽，选择颜色浅淡、质地光滑的套盆以衬托彩叶草华美的叶色。为使株形美丽，常将未开的花序剪掉，置于案几和窗台上欣赏。庭院栽培可作花坛，或植物镶边。还可将数盆彩叶草组成图案布置会场、剧院前厅，花团锦簇。

3.盆栽彩叶草安全高效施肥

（1）盆栽营养土配制　盆栽营养土可用泥炭8份、珍珠岩2份混合拌匀；也可用腐叶土6份、园土2份、河沙2份及少量碎饼肥混合配制而成。

（2）盆土管理　当播种苗第3对真叶长出后或扦插苗根系长达3厘米后就可移植上盆。在观叶类植物中，彩叶草是比较喜光的植物，光照充足有利于矮化植株，使叶片色彩更加鲜艳，但高温强光，会导致色素破坏，以致叶色不够鲜明。温室栽培，冬季可不遮光；春夏秋三季遮光30％。彩叶草在半阴环境中生长也较理想。彩叶草的生长适宜温度为15～30℃，10℃以下叶片枯黄脱落，5℃以下枯死。

（3）肥水管理　生长期经常向叶面喷水，防止彩叶草因旱脱叶。浇水时量要控制，不使叶片凋萎为度。施肥可采用花卉水溶肥料（20-10-20），上盆后第一个月施肥浓度为0.2％，第二个月以后浓度为0.3％，每隔7～10天施1次。也可采取叶面喷施600～800倍含腐殖酸水溶肥料或600～800倍含氨基酸水溶肥料或600倍高活性有机酸叶面肥，并配施0.2％～0.3％磷酸二氢钾液肥，代替花卉水溶肥料（20-10-20）。

（4）株形管理　为了得到理想的株形，一般需要经过一次或两次摘心。第一次在3～4对真叶时，摘心后留2对真叶；第二次，对新发侧枝摘心，摘心后留1～2对真叶。花穗抽出时应及时摘去，否则叶片生长缓慢，叶色暗淡，影响观赏价值。彩叶草在幼苗时叶色最为鲜艳，而太老的植株下部落叶，观赏价值逐渐下降。此时，可将植株上部枝条先摘心，待其下部发出新枝叶后，再把新枝叶上部的枝剪除，重新培养出新株形。剪下的枝条可用于扦插繁殖。

二、文竹

文竹（图 2-2）别名云片竹、云片松、刺天冬、云竹、山草、鸡绒芝，原产于非洲南部的山林中。在我国盆栽相当普遍，遍布千家万户，但没有野生分布。

图 2-2　文竹

1. 生长习性

文竹为百合科天门冬属多年生草本花卉。文竹喜温暖而湿润，不耐寒怕暑热。既不能常年庇荫，也经不起暴晒，经不起干热风侵袭。文竹的根系都是肉质须根，对土壤要求较严，在疏松肥沃而又通气良好的土壤中才能正常生长。忌黏重、排水不畅的土壤，不耐盐碱，不耐强酸，既不耐旱，也怕水涝。

2. 观赏应用

文竹以盆栽观叶为主，清新淡雅，布置书房更显书卷气息。文竹枝叶纤细，挺拔秀丽，颜色青翠，姿态潇洒，是良好的切花、花束、花篮的陪衬材料。稍大的盆株可置于窗台，大型盆株加设支架，使其叶片均匀分布，可陈设在墙角处。

3.盆栽文竹安全高效施肥

（1）盆栽营养土配制　盆栽以腐叶土 5 份、园土 2 份、河沙 2 份、腐熟厩肥 1 份，加适量磷、钾肥混合而成；也可以壤土 4 份、腐叶土 5 份、沙 1 份、腐熟厩肥 1 份混合而成。

（2）上盆换盆　家庭培养的文竹不要上入大盆，株形小巧不但便于陈设，而且耐人玩味。上盆时应使用富含腐殖质的营养土，把盆底的排水孔凿大，以利排水。每年早春翻盆换土 1 次，当根系布满全盆后再换入大一号的花盆，同时把外围的黑根撕掉。从第三年开始抽生枝蔓，这时应换入较大的花盆并插设梯形或筒形支架供茎蔓攀缘，否则相互缠绕在一起无法生长，也相当难看。

（3）生长期肥水管理　文竹只能供室内陈设，春、夏两季不要见直射光，秋末和冬季应靠近南窗摆放，可多见些阳光。开花前施肥不要过多，5～6 月和 9～10 月间可分别追施液肥 2～3 次。每次可用充分腐熟发酵豆饼或花生饼按 1∶30 兑水浇施；或采用 600～800 倍含腐殖酸水溶肥料或 600～800 倍含氨基酸水溶肥料或 600 倍高活性有机酸叶面肥，配合 0.2%～0.3%磷酸二氢钾液肥进行叶面喷施。

浇水的多少应根据株棵的大小灵活掌握，如果用盆很小，花盆又浅，应经常保持盆土湿润，切勿受干，否则文竹叶很快就会枯黄而脱落；大型盆株则应间干间湿，并经常松土以保持良好的通气状态，否则就会烂根。

（4）繁殖期肥水管理　三年生以上的文竹开始进入繁殖阶段，要想使盆栽文竹大量结实，首先应当用加肥培养土、上入大花盆中以扩大营养面积，四年生的文竹应栽入"三道箍"，六年生的应栽入"水桶"盆，同时插设支架。春季应加强追肥，可采用 10%花卉水溶肥料（20-10-20）进行浇施，夏季应防暑降温，开花后要停止追肥，也不要猛浇大水，注意防雨、防尘和防烟，特别要加强通风换气，更不要向植株上喷水，否则就会大量落花。幼果期不要大量浇水和追肥，不然会落果，待果实成形后再加强肥水管理，叶面喷施 500 倍活力钾或生物钾叶面肥、600 倍活力钙叶面肥。冬季室温应保持 18℃以上，凌晨不得低于 10℃，并应多见阳光，才能收到大量种子。

三、吊兰

吊兰（图 2-3）又称垂盆草、挂兰、钓兰、兰草、折鹤兰、树蕉瓜、倒吊兰、土洋参、八叶兰，原产于非洲南部，现我国各地广泛栽培。

图 2-3 吊兰

1. 生长习性

吊兰为百合科吊兰属多年生常绿草本花卉。吊兰性喜温暖湿润、半阴的环境。它适应性强，较耐旱，不甚耐寒。不择土壤，在排水良好、疏松肥沃的砂质土壤中生长较佳。

2. 观赏应用

吊兰容易养殖，适应性强，是最为传统的居室垂挂植物之一。它叶片细长柔软，从叶腋中抽生出小植株，由盆沿向下垂，舒展散垂，夏季或其他季节温度高时开小白花，花集中于垂下来的枝条的顶端，花蕊呈黄色，内部小嫩叶有时呈紫色，可供盆栽观赏。

3. 盆栽吊兰安全高效施肥

（1）盆栽营养土配制　吊兰盆栽营养土可用腐叶土（或泥炭）

4 份、园土 4 份、河沙 2 份混合配制，并适当添加饼肥或腐熟有机肥。现代城市高楼的住户一般难觅优质园土，可用泥土、锯木屑（谷壳）等作基质，同时加入自制有机肥。有机肥可利用生活中的一些废弃有机物如菜叶、瓜果皮核、豆渣、碎蛋壳、畜禽粪、旧盆土等，堆沤腐熟后经阳光暴晒消毒制作而成。也可购买专用的花卉营养土。

（2）上盆栽植　栽植吊兰可选用内径 15～20 厘米的花盆。因吊兰叶色翠绿，最好选用白色塑料花盆、白色瓷盆或瓦盆。根据苗的大小，大苗栽大盆，小苗栽小盆，1 盆栽苗 1～3 株。栽植时选稍大的花盆，这样有利于地下部肉质根系的舒展，地上部茎叶有足够的生长空间，使叶片碧绿、宽大、生长苗壮。栽植时，最好在盆底设 1 层排水层，高度为盆高的 1/5，可选用炉渣、碎瓦片、石块等，以利于排水、透气。

（3）肥水管理　吊兰一般不浇施尿素等氮素化学肥料，以免导致叶片脆薄容易折断。生长季节每隔 15～30 天施 1 次稀薄的有机液肥，以使叶片翠绿、发亮。每次可用充分腐熟发酵豆饼或花生饼按 1：30 兑水浇施；或采用 600～800 倍含腐殖酸水溶肥料或 600～800 倍含氨基酸水溶肥料或 600 倍高活性有机酸叶面肥，配合 0.2%～0.3%磷酸二氢钾液肥进行叶面喷施。在冬季不施肥。

（4）适时换盆　吊兰萌生力强，新的盆栽小苗在正常的栽培管理条件下，一般 2～3 年即可由 1～3 株小苗长成数株苗壮的植株，根系也会挤满整个盆。因此每隔 1～3 年，需将满盆的植株从盆中磕出，去除腐朽老根及多余根系，重新配好营养土栽植。在南方地区，吊兰的换盆最适宜冬前或早春进行。通过冬前的换盆，在阳光较好的冬季，吊兰仍生长良好。

（5）水分管理　吊兰喜湿润环境，如温度高、空气干燥极易使叶片发黄枯焦，严重影响观赏性，水分管理不到位甚至使植株干枯死亡。在其生长旺盛季节，如夏季可每天浇水 1～2 次，保持盆土湿润；秋季 1～3 天浇水 1 次；冬季气温降低，可 7～15 天浇水 1 次。如盆土湿润时，可不浇盆土，只进行叶面喷雾，使空气湿润，有利于叶片生长，叶色美丽。注意忌盆土积水，否则易造成叶色发黄、变黑，肉质根腐烂。

四、吉祥草

吉祥草（图2-4）别名松寿兰、小叶万年青、竹根七、蛇尾七、紫衣草，原产于我国江南各省，现在我国江南、华北各省多有栽培。

图2-4　吉祥草

1. 生长习性

吉祥草为百合科吉祥草属多年生常绿草本植物。吉祥草较耐寒，但怕暑热。耐阴性极强，可常年在阴凉处生长。对土壤要求不严，以排水良好的肥沃壤土为宜。耐瘠薄和水湿，不耐盐碱和干旱。

2. 观赏应用

吉祥草在长江以南地区为林下、林缘优良的地被植物，成片栽植，绿化效果极好。华北地区常盆栽，用于室内布置。吉祥草株形典雅，绿色明目，常取其吉祥之意，放于厅堂、书斋，也可用于会议室的案几上。由于植株小巧玲珑，叶片柔软修长、潇洒飘逸，除作一般盆栽外，还适于制作小型盆景。可将其种植在舟形浅盆中，状似湖中错落生长的芦苇，颇具自然野趣。因其耐阴性强，株丛低矮，根系发达，匍匐茎萌蘖力较强，在园林中多作荫地地被。其叶优雅，有兰草风韵。盆栽或水培，供室内欣赏均很适宜。

3. 盆栽吉祥草安全高效施肥

（1）盆栽营养土配制　可以用腐叶土 5 份、园土 3 份和沙 2 份混合配制盆栽营养土。

（2）上盆栽植　盆栽时最好用保水力强的腐叶土上盆，也可用面沙上盆，但不能使用含碱的土壤，否则叶片发黄。室内陈设时应上入"二缸子"盆中，也可栽入盆景浅盆，不要上入大盆，每年翻盆换土 1 次，同时剪掉周围老叶，促使其萌发新叶以保持鲜绿状态。盆土应宁湿勿干，不要让阳光照射。夏季如室内闷热，最好搬到室外的大树下面。冬季可继续在室内陈设，也可放在不结冻的冷室内贮藏越冬。

（3）肥水控制　土壤过干或空气干燥时，叶尖容易焦枯。所以平时要注意保持土壤湿润，空气干燥时要进行喷水，夏季要避免强光直晒。吉祥草待新叶发出后，每月施 1 次粪肥，每次可用充分腐熟发酵豆饼或花生饼按 1：30 兑水浇施；或采用 600～800 倍含腐殖酸水溶肥料或 600～800 倍含氨基酸水溶肥料或 600 倍高活性有机酸叶面肥，配合 0.2%～0.3%磷酸二氢钾液肥进行叶面喷施。

4. 地栽吉祥草安全高效施肥

（1）整地施肥　在定植前，先浇水，把绿地土壤翻耕，翻耕深度达 30 厘米以上，细化土块使土壤疏松，清除残根、石瓦片及杂草等，土壤不良可进行局部换土，整地松土为了保证土壤中有充足的水分与空气。也可适当施用有机肥作基肥，每亩施无害化处理过的腐熟猪圈粪 1000 千克或腐熟牛圈粪 1000 千克或腐熟堆肥 1500 千克。

（2）栽植　根据立地环境进行合理密植，或连根带叶单株栽植或密植，或每丛 3～5 株，或每 3～5 段根茎，按 5 厘米×5 厘米的中心距离，呈品字形排布，打穴栽植。吉祥草这种种植密度可立即成坪，较快形成景观。栽植前，采用锋利的刀具，集中斩断吉祥草头上的三分之一长或保持种植茬 12～15 厘米长。栽植时要使根系与土壤密接，浇透水，水渗后覆一层薄土更佳。

（3）浇水 定植后的吉祥草要视土壤水分含量多少决定浇水次数，注意植株定植后浇 3 次透水（即栽植后的第 1 次，第 2～3 天进行第 2 次，再过 5～7 天进行第 3 次浇水），尔后的养护管理就可正常进行。早春若遇干旱时节，注意连续浇几次透水，以利植株返青出苗。浇水最好的时间是无风或微风的早晨，每次浇水要浇透，一般使土壤湿润到 20 厘米为宜。生长期应适当控制浇水量，防止叶片徒长。若发生叶片徒长，可喷施矮壮素或多效唑，控制其长势。

（4）施肥 在春秋季栽植后 20 天，即植株定根后，结合中耕去除杂草，用 1%尿素肥液浇施。经常保持湿润，最好每两月追肥一次，可使其生长更为茂盛。若肥力不足，根据缺肥症状，追施腐殖酸涂层缓释肥（15-10-15），施肥量约为 5～10 克/米^2。为防止颗粒附于叶面上而引起灼伤，肥料的撒施应在叶子完全干燥时进行，施肥后及时浇透水。在叶片旺盛生长时期，应适当控制肥水用量，以防叶片徒长。

五、万年青

万年青（图 2-5）又名斩蛇剑、九节莲、冬不凋，原产于中国和日本。在中国分布较广，华东、华中及西南地区均有栽培，主要产地有浙江、江西、湖北等地。

1.生长习性

万年青为百合科万年青属多年生草本花卉。万年青性喜湿润、半阴，忌夏季强烈日光直射，对水分要求不严，在通气良好、肥沃的土壤中生长最好。

2.观赏应用

万年青根茎多节，叶形似剑，宽厚挺拔，潇洒至少雅，四季长青。它的叶子葱茏苍劲，姿态典雅耐人玩赏；秋后结果，果实鲜润艳丽，尤其惹人喜爱。绿叶丛生，红果累累，相映成趣，仪态端庄大方，风姿古朴雄浑，历来被人们当作吉祥如意、万古长青的象征。

图 2-5　万年青

万年青在我国南北各地，栽培十分普遍。北方都用盆栽，用以点缀客厅、书房，装扮窗台、案几无不相宜。尤其是在喜庆节日，用它伴以青松、梅花、水仙、腊梅，更能增添欢乐气氛。在我国南地还可以露地栽植，布置在溪边湖岸、树下路旁，可使园林增色。

3.盆栽万年青安全高效施肥

万年青生长强健，适应性较强，所以栽培管理比较简单。

(1) 盆栽营养土配制　用于盆栽万年青的营养土，可采用园土4份、腐叶土2～3份、堆肥土2份和沙1～2份的比例调制。

(2) 上盆栽植　上盆时，对优良的品种宜在盆底放一薄层碎砖瓦，以改善其根部的排水通气性能。栽植时不宜深栽，深栽的植株生长较慢。

(3) 水分管理　万年青对肥水的要求不严。通常从4月中下旬以后，逐渐增加浇水的次数和用量。在其生长旺盛时期，每天浇水1次。浇的水要水质清洁，忌用混浊的水。夏季阳光强烈，植株必须放在半阴的地方，否则叶片容易灼伤，引起发黄枯焦；特别要注意免受夏天强烈的阳光照射。10月中旬后气候渐冷，盆栽植株宜搬入室内准备越冬。越冬期间室温应保持在5℃以上；宜放在阳光充足、通气良好的位置；要控制浇水，使盆土处于半干状态。

（4）施肥管理　从5月开始，每隔2周追施薄肥1次；7～8月缩短追肥时间，每隔7～10天追施薄肥1次；9月则停止追肥。肥料可用腐熟的饼肥水，每次可用充分腐熟发酵豆饼或花生饼按1:50兑水浇施；后期可用1％过磷酸钙溶液浇施1～2次。追肥宜淡忌浓。开花期间也可采用600～800倍含腐殖酸水溶肥料或600～800倍含氨基酸水溶肥料或600倍高活性有机酸叶面肥，配合0.2％～0.3％磷酸二氢钾液肥进行叶面喷施，有利促进花芽分化和叶翠果红，改善观赏效果。

（5）换盆管理　万年青栽植2～3年后，应该进行换盆。换盆在春季3月下旬到4月上旬进行。换盆时剔除部分陈土，清除衰老的根茎和宿存的枯叶、株丛太大的形态不佳者，还应切去部分子株，以保持优美的株形。

六、龙舌兰

龙舌兰（图2-6）又名龙舌掌、番麻，原产于美洲热带，我国南北方均有引种栽培。

图2-6　龙舌兰

1. 生长习性

龙舌兰为龙舌兰科龙舌兰属多年生常绿大型草本花卉。喜阳光充足，稍耐寒，不耐阴。喜凉爽、干燥的环境，耐旱力强。对土壤要求不严，以富含腐殖质、疏松肥沃、排水良好的湿润砂质土壤为宜。

2. 观赏应用

龙舌兰属植物茎短，叶剑形、三角形或针形等，肉质，呈莲座状排列，花茎高大，穗状花序或圆锥花序顶生，极为漂亮。有些种类每年或隔年开花 1 次，另一些种类只开花结果 1 次，开花后便死亡。多作盆栽观赏。

3. 盆栽龙舌兰安全高效施肥

（1）盆栽营养土配制　可采用园土、腐熟的厩肥、沙等材料按 2∶1∶1 或 3∶2∶1 进行混合配制。

（2）上盆栽植　上盆时，对优良的品种宜在盆底放一薄层碎砖瓦，以改善其根部的排水通气性能。栽植时不宜深栽，深栽的植株生长较慢。

（3）水分管理　5～9 月龙舌兰生长较为旺盛，由于蒸腾作用的影响，对水分要求较多，因此要保持土壤湿润。10 月至翌年 4 月在室内越冬，蒸腾作用较小，要降低土壤湿度。补充水分可遵循两个原则：一是表土见干，浇透水；二是固定浇水天数，如 5～9 月，4～5 天浇水 1 次，而 10 月至翌年 4 月每隔 5～7 天或 7～10 天浇水 1 次。浇水的时候要将水直接浇在土中，尽可能避免将水浇到叶片上，防止产生叶斑病。浇花用水（自来水）最好先静置几天，让水中的氯化物挥发一些，同时也可增加水中的氧气含量。

（4）适时追肥　每年追肥不少于 2 次：第 1 次在 5 月上中旬，第 2 次在 9 月中下旬。追肥的方法以根部追肥为主，将盆土扎成小洞穴，视盆大小，扎穴 3～4 个，穴深不超过盆高的 1/2，施入粪肥或施入少量的复合肥（根据植株的大小每穴施入 2～5 克），然后覆土盖严。如果使用化肥类，应先用水溶解后再浇于盆中即可。

（5）及时换土　为了保持植株良好生长和土壤的通透性，每隔2～3年应更换一次盆土，这也是增加土壤中微量元素和矿物质的好办法。

七、千岁兰

千岁兰（图2-7）又名虎属兰、虎皮兰、虎耳兰。原产于热带非洲西部，现我国各地多有栽培。

图2-7　千岁兰

1. 生长习性

千岁兰为千岁兰属龙舌科多年生常绿草本花卉。千岁兰适应性强，喜温暖和昼夜温差较大的温度环境。耐干旱，喜光照。栽培千岁兰的土壤，要求疏松肥沃，排水和通气性能良好。

2. 观赏应用

千岁兰是常见的观叶类植物，叶片似剑，古雅刚劲，表面绿白相间，或青黄杂糅，斑斓似锦，形若虎纹。千岁兰的种类很多，适应能力较强。它非常耐旱，特别是能够在空气湿度较低的室内生长良好，所以是布置室内环境的优良观叶类植物，为人们所喜爱。

3. 盆栽千岁兰安全高效施肥

（1）盆栽营养土配制　一般采用腐叶土3份、堆肥土2份、细砂4～5份的比例混合配制。

（2）上盆栽植　分株繁殖的小苗，可用口径 12 厘米的小花盆栽培。为了提早供作观赏，也可以用口径 15～18 厘米的花盆，每盆中栽植 2～3 棵分株的小苗。扦插成活的小苗，开始宜用口径 9 厘米的小盆，以后再换入 15～18 厘米的盆中。栽植时，盆底宜施基肥。基肥可用腐熟的饼粉，并加适量的骨粉；或者在盆底放一些蹄角屑。

（3）水分管理　千岁兰性喜温暖，所以春季不宜出室过早。通常其他花卉搬出室外时，将千岁兰继续留在室内，再过 3～4 周时才搬出去。生长期内的浇水应适度，不宜使盆土长期过湿。当气温在 20℃以上时，每天可浇 1 次水；15℃左右时，可每隔 2～3 天浇 1 次水；10℃左右时，则每隔 5～7 天浇 1 次水。温度低而盆土过湿，叶子基部和根茎容易引起腐烂。因此，整个冬季里，盆土宁可偏干而不宜偏湿。

（4）适时追肥　6～9 月里，是千岁兰旺盛生长的时期，在此期间每月宜追肥 1～2 次。追肥用的肥料，可用腐熟的饼肥水和复合化肥溶液交替施用。每次可用充分腐熟发酵豆饼或花生饼按 1∶30 兑水浇施，或 10% 花卉水溶肥料（20-10-20）进行浇施。每次追肥都宜清淡，不能用浓肥，以免伤害根系。

千岁兰在夏季宜放在荫棚下，防止烈日直射。冬季应放在阳光充足的位置。9 月下旬到 10 月上旬便可将植株移进室内越冬。

八、含羞草

含羞草（图 2-8）又名感应草、喝呼草、害羞草、知羞草、怕丑草、见笑草、夫妻草，原产于热带美洲，现我国各地均有栽培。

1. 生长习性

含羞草为豆科含羞草属多年生常绿草本花卉。含羞草性喜温暖而不耐寒冷，耐干旱，喜光照，不耐寒，虽是多年生花卉，多作一年生栽培。含羞草对土壤的要求不严，在肥沃疏松的砂壤土中生长发育特别好。

2. 观赏应用

含羞草没有能特别引人注目的外貌，但是它有奇特的叶片。只

图 2-8　含羞草

要轻轻触动它一下，或者对准它重重地吹口气，它就会立刻闭合，叶柄也会下垂。宜地植，也可盆栽。

3.盆栽含羞草安全高效施肥

（1）盆栽营养土配制　盆栽所用的营养土，可采取园土 5 份、堆肥土 2～3 份、沙 1～2 份的比例配合调制。

（2）水肥管理　含羞草生长迅速，一般不需要精细的管理。盆栽植株因受盆的限制，每天浇水 1～2 次即可。幼苗时期每隔 2 周追施液肥 1 次；开花以后到 9 月中旬为止，每隔 3～4 周施 1 次肥料。每次可用充分腐熟发酵豆饼或花生饼按 1：30 兑水浇施。生长期间应保持土壤湿润，满足阳光照射需要，充分发挥肥效。

❧❧ 第二节 ❧❧

灌木观叶类花卉安全高效施肥技术

一、海桐

海桐（图 2-9）别名海桐花、山矾、七里香、宝珠香、山瑞香，主要分布在我国江苏南部、浙江、福建、台湾、广东等地，长江流域及其以南各地庭园常见栽培。

图 2-9 海桐

1. 生长习性

海桐为海桐科海桐花属常绿灌木或小乔木。海桐喜温暖湿润的气候，喜光，强光对植株没有危害；较耐阴，在半阴处也生长良好。对气候的适应性较强，能耐寒冷，黄河以北地区多作盆栽，在室内防寒越冬。对土壤要求不严，喜肥沃、湿润的砂质土壤，耐轻微盐碱，黏土及中性土均能适应，贫瘠土壤生长不良；耐水湿，稍耐干旱。

2. 观赏应用

海桐以其株形圆整，四季常青，花味芳香，种子红艳，为著名的观叶、观果类植物。适于作盆栽布置于展厅、会场、主席台等处，也宜地植于花坛四周、花径两侧、建筑物基础或作园林中的绿篱、绿带、点缀，尤其适宜于工矿区种植。

3. 盆栽海桐安全高效施肥

（1）盆栽营养土配制　海桐喜肥沃、排水良好的砂质酸性土壤，耐水湿，稍耐干旱。盆土要求疏松、透气性好、保水性好、有机质含量高、保肥。营养土可用园田土 3 份、泥炭 3 份、沙 4 份的比例进行配制，并可在营养土中加适量有机肥及硫酸亚铁。

（2）上盆栽植　海桐萌发力强，生长迅速。扦插繁殖的植株适宜选取直径为 30～40 厘米的容器，播种繁殖的植株适宜选取直径为 20～30 厘米的容器，大苗适宜选取直径为 40～50 厘米的容器；容器要求要有良好的透气性。

栽种前，先在容器底部渗水孔垫瓦片，并在容器内填入部分营养土，植入后再填土使根部与土壤密接，土表与盆沿相平，浇透水沉实后，土面距盆沿保留 5 厘米左右作为浇水的水口即可。新上盆的植株应先放于半阴处 7 天，然后再置于阳光充足的地方，进行正常肥水管理。

（3）水分管理　春季海桐生长旺盛，萌发新芽并孕育花蕾，要保持土壤湿度，可每 1～2 天浇水 1 次；夏季气温高，气候干燥，水分蒸发量大，可每天浇水 1 次，结合向植株及周围进行喷雾，湿润环境；秋季要减少浇水量，可每 2～3 天浇水 1 次；冬季如果所处温度较低，浇水量应减少。

（4）适时追肥　海桐周年常绿，营养消耗大，除上盆时需要施用基肥，日常管理中也要进行追肥。每年春季要每 15～20 天追施全效肥 1 次；夏季要薄肥勤施；秋季和春季一样，每 15～20 天追施全效肥 1 次；冬季如果所处温度较低，可不施用肥料。肥料每次可用 10% 腐熟畜禽粪尿兑水浇施，或腐殖酸涂层缓释肥（15-10-15）10～15 克，或 10% 花卉水溶肥料（20-10-20）进行浇施。春秋季节也可采用 600～800 倍含腐殖酸水溶肥料或 600～800 倍含氨基酸水溶肥料或 600 倍高活性有机酸叶面肥，配合 0.2%～0.3% 磷酸二氢钾液肥进行叶面喷施。

（5）更换盆土　海桐周年常绿，营养消耗大。盆栽植株应每 1～2 年翻盆换土 1 次，幼株应每年翻盆换土 1 次，保持盆土的营养，使植株能够正常生长。换盆时去除部分宿土，将枯根剪除，加入含有机质较多的新培养土。翻盆换土后浇透水，放于半阴处 1 周后，再置于阳光充足的地方，进行正常管理。如盆栽海桐要提前达到悬根露爪的造型目的，可结合翻盆换土工作来进行。深盆浅栽，在正常管理养护时通过浇水不断冲洗掉高于盆面的土壤，使根系逐渐裸露，逐渐达到目的。

二、南天竹

南天竹（图 2-10）别名南天竺、红杷子、天烛子、红杶子、钻石黄、天竹、兰竹，原产于中国和日本，现长江流域及陕西、河南、河北、山东、湖北、江苏、浙江、安徽、江西、广东、广西、云南、贵州、四川等省均有栽培。

图 2-10 南天竹

1. 生长习性

南天竹为小檗科南天竹属常绿灌木。南天竹性喜温暖湿润和半阴、通风良好的环境。较耐阴耐寒，怕干旱和强光暴晒。土壤以肥沃、排水良好的砂壤土为宜。能耐微碱性土壤，为钙质土壤指示植物。

2. 观赏应用

南天竹是我国南方常见的木本花卉种类，树姿秀丽，树干挺拔，枝叶扶疏，秋冬时节转为红色，异常绚丽，更有累累红果，经久不落，为观叶观果佳品。主要用作园林内的植物配置，栽植于庭前屋后、墙角背阴处和山石池畔，呈现古朴典雅。较多用于盆栽或盆景制作，也是装饰窗台、镜前和门厅的佳材。

3. 盆栽南天竹安全高效施肥

（1）盆栽营养土配制　南天竹适于用微酸性土壤，可按砂质土5份、腐叶土4份、粪土1份的比例调制。

（2）盆土管理　栽前，先将盆底排水孔用碎瓦片盖好，加层木炭更好，有利于排水和杀菌。一般植株根部都带有泥土，如有断根、撕碎根、发黑根或多余根应剪去，按常规法加土栽好植株，浇足水后放在阴凉处，约15天后，可见阳光。每隔1～2年换盆1次，通常将植株从盆中扣出，去掉旧的培养土，剪除大部分根系，去掉细弱过矮的枝干定干造型，留3～5株为宜，用新培养土栽入盆内，庇荫管护，半个月后正常管理。

南天竹在半阴、凉爽、湿润处养护最好。在强光照射下，茎粗短变暗红，幼叶"烧伤"，成叶变红；在十分阴凉的地方则茎细叶长，株丛松散，有损观赏价值，也不利结实。南天竹适宜生长温度为25℃左右，适宜开花结实温度为24～25℃，冬季移入温室内一般不低于0℃，翌年清明后搬出户外。

（3）水分管理　南天竹浇水应见干见湿。干旱季节要勤浇水，保持土壤湿润；夏季每天浇水1次，并向叶面喷雾2～3次，保持叶面湿润，防止叶尖枯焦，有损美观。开花时尤应注意浇水，不使盆土发干，并于地面洒水提高空气湿度，以利提高受粉率。冬季植株处于半休眠状态，不要使盆土过湿。浇水时间，夏季宜在早、晚进行，冬季宜在中午进行。

（4）适时追肥　南天竹在生长期内，幼苗半个月左右施1次薄肥（宜施含磷多的有机肥）。每次可用充分腐熟发酵豆饼或花生饼按1∶30兑水与1%腐殖酸型过磷酸钙溶液混合浇施。

成年植株每年施3次肥，分别在5月份、8月份、10月份进行，第三次应在移进室内越冬时施肥。肥料可用充分发酵后的饼肥和麻酱渣等。施肥量一般第一、二次宜少，每次可用充分腐熟发酵豆饼或花生饼按1∶30兑水浇施，或10%花卉水溶肥料（20-10-20）进行浇施。第三次可增加用量，可用充分腐熟发酵豆饼或花生饼按1∶20兑水浇施，或8%花卉水溶肥料（20-10-20）进行浇施。

在生长期内，剪除根部萌生枝条、密生枝条，剪去果穗较长的枝干、留一两枝较低的枝干，以保株形美观，以利开花结果。

三、鹅掌柴

鹅掌柴（图 2-11）别名鹅掌木、手树、鸭脚木、小叶伞树、矮伞树、舍夫勒氏木，原产于大洋洲、南美洲、中国广东与福建等地的亚热带雨林，日本、越南、印度等也有分布。现广泛种植于我国各地。

图 2-11　鹅掌柴

1. 生物习性

鹅掌柴为五加科鹅掌柴属常绿灌木，喜温暖、湿润、半阳环境，喜湿怕干，稍耐瘠薄。土壤以肥沃、疏松和排水良好的砂壤土为宜。

2.观赏应用

鹅掌柴四季常春，植株丰满优美，为大型盆栽植物，适用于宾馆大厅、图书馆的阅览室和博物馆展厅摆放，呈现自然和谐的绿色环境。春、夏、秋也可放在庭院阴凉处和楼房阳台上观赏。可庭院孤植，是南方冬季的蜜源植物。作盆栽布置于客室、书房和卧室，具有浓厚的时代气息，能给家庭居室带来新鲜的空气。

3.盆栽鹅掌柴安全高效施肥

（1）盆栽营养土配制　盆栽营养土可以用泥炭土3份、腐叶土3份、珍珠岩2份、腐熟有机肥2份混合而成。南方也可以用塘泥5份、猪圈粪或牛圈粪3份、甘蔗渣或沙2份混合而成。

（2）盆土管理　盆栽可用口径15～20厘米的盆。盆底应多垫碎瓦片或碎砖，以利排水。幼株每年春季在新芽萌发之前应换盆一次，去掉部分旧土，加入等量新土。成年植株每2年换盆1次。

（3）适量浇水　鹅掌柴夏季最适宜生长环境为半阴条件，夏季要放在阴凉处养护。夏季气温高，要保证一定的浇水量，可每天浇水一次，保持土壤湿润，不待干透就应及时浇水。天气干燥时，还应向植株喷雾增湿，也可以进行叶面喷水，并注意增加环境湿度。春、秋季可一周浇水两次，冬季可适当控水。如水分供需失调，土壤太干或太湿，或者长期置于阴暗场地，易引起叶片脱落。

（4）定期施肥　3～9月为生长旺季，每隔2～3周施用一些复合肥或饼肥水。每次可用充分腐熟发酵豆饼或花生饼按1∶20兑水浇施，或10%花卉水溶肥料（20-10-20）进行浇施。花叶品种施肥量不宜太多（尤其氮肥），否则叶片变绿，失去原有品种特征。斑叶品种要少施氮肥，防止斑块颜色变淡或消失。

（5）叶面喷肥　生长旺季可采用600～800倍含腐殖酸水溶肥料或600～800倍含氨基酸水溶肥料或600倍高活性有机酸叶面肥，配合0.2%～0.3%磷酸二氢钾液肥进行叶面喷施。

四、爬地柏

爬地柏（图2-12）又称地柏、铺地柏、匍地柏、卧松，原产于日本。我国华北、东北、西北地区及长江流域各省栽培比较普遍。

图 2-12 爬地柏

1. 生长习性

爬地柏为柏科圆柏属常绿匍匐小灌木，喜光，稍耐阴，适生于湿润气候，耐寒，萌生力较强。阳性树，能在干燥的砂地上生长良好，喜石灰质的肥沃土壤，忌低湿地。喜生于湿润肥沃、排水良好的钙质土壤。耐寒，耐旱，抗盐碱，在平地或悬崖峭壁上都能生长；在干燥、贫瘠的山地上生长缓慢，植株细弱。

2. 观赏应用

爬地柏在园林中可配植于岩石园或草坪角隅，也是缓土坡的良好地被植物，枝叶翠绿，蜿蜒匍匐，颇为美观。在春季抽生新枝叶时，观赏效果最佳。在华北和西北的园林中地栽时，应栽在小型庭园的背风向阳处，最好在朝南的坡地上。在花卉栽培中主要是用来培育树桩盆景，根据株棵的大小栽入圆盆或方形筒盆中。

3. 地栽爬地柏安全高效施肥

（1）苗床准备 苗床宜选择地势平坦、排灌良好的砂壤土。床宽一般为 1.2 米、高为 0.3 米，可用泥炭土 8 厘米、细砂 5 厘米以改善土壤的通气和保水性。扦插前一天进行土壤消毒。

（2）适时扦插 爬地柏嫩枝扦插，宜在新梢生长处于缓慢时期到新梢停止生长之前进行。以 7 月下旬到 8 月上旬为宜。穗条扦插的深度宜浅，以插穗不倒为适宜，大约 2～5 厘米。扦插后喷 1 次透水。

（3）扦插苗肥水管理 要设遮阴棚和及时喷水，控制好温度和湿度。苗床扦插好后立即喷 1 次水，然后在苗床上设置荫棚，以后要经常检查和喷水。可用覆盖塑料薄膜的方法保持湿度，但要注意在一定时间内通气。浇水时根部和叶片都要浇到。在苗木生根后，每隔 7～10 天喷施 0.1％～0.2％稀薄尿素液，后期喷施 0.2％～0.5％的尿素和磷酸二氢钾溶液，使扦插苗生长健壮。苗根老化后，可将幼苗移植到苗圃地，以扩大营养空间，培养合格苗木。

（4）栽植后肥水管理　移栽多在春、秋两季进行。栽植前撒施有机肥，每亩施无害化处理过的腐熟猪圈粪 1000～1500 千克，或无害化处理过的腐熟牛圈粪 1000～1500 千克，或无害化处理过的腐熟堆肥 1500～2000 千克，然后深翻 25 厘米以上，将基肥翻入土中。栽植时，尽量做到随起苗随栽植。放苗时，原根茎痕处应先放穴面之下，经埋土、踩穴、提苗使其与地表相平。栽后立即灌水，第一次灌水一定要浇透，春季因干旱多风应每隔 1 周浇 1 次水，连浇 3 次水，待表土稍干后进行松土锄草，中耕保墒。

在早春或晚秋施有机肥作基肥，每亩施生物有机肥 50～70 千克，或商品有机肥 100～150 千克，或无害化处理过的腐熟猪圈粪 1000～1500 千克，或无害化处理过的腐熟牛圈粪 1000～1500 千克，或无害化处理过的腐熟堆肥 1500～2000 千克，或无害化处理过的腐熟鸡粪 100～150 千克，或无害化处理过的腐熟饼肥 80～100 千克，并配施腐殖酸涂层缓释肥（15-10-15）10～15 千克。6 月下旬或雨季的 7～8 月份，爬地柏进入旺盛生长期后，应及时补充养分，施肥以氮肥为主，可用 10％花卉水溶肥料（20-10-20）进行浇施。

五、变叶木

变叶木（图 2-13）别名洒金榕、变色月桂，原产于亚洲马来半岛至大洋洲。现我国南部各省区常见栽培。

1. 生长习性

变叶木为大戟科变叶木属多年生灌木观叶类花卉，喜高温、湿润和阳光充足的环境，不耐寒，不耐旱，忌根部积水。土壤以肥沃、保水性强的黏质壤土为宜。

图 2-13 变叶木

2.观赏应用

变叶木叶形千变万化，叶色五彩缤纷，是观叶类植物中叶色、叶形和叶斑变化最丰富的品种，也是最具形态美和色彩美的盆栽植物之一。华南可用于园林造景，适于路旁、墙隅、石间丛植，也可植为绿篱或基础种植材料。北方常见盆栽，用于点缀案头或布置会场、厅堂等。

3.盆栽变叶木安全高效施肥

（1）盆栽营养土配制　盆栽营养土可用园土泥、腐叶土、腐熟鸡粪按 6：4：1 混合；或可用 3 份园土、1 份堆肥、1 份河沙混合；或 3 份粗泥炭、3 份腐叶土和 2 份沙混合。

（2）盆土管理　变叶木生长缓慢，用盆不要太大，五年生以上的扦插苗最大上入"三道箍"花盆内，十年生以上的植株再换入"水桶"盆。用腐叶土和面沙混合做培养土，苗期每年换盆换土 1 次，以后可每 2 年翻盆换土 1 次。

（3）水分管理　上盆后要浇透定根水，使小苗根系与土壤结合。日后浇水要根据天气情况、植株大小、盆土干湿情况及生长发育需要灵活掌握，保持盆土稍潮湿。4～8月生长旺季要多浇水，并经常给叶片喷水，保持叶面清洁及潮湿环境。晴天每天浇水2次，早晚各1次。雨季要防积水，及时侧盆倒水。盛夏高温季节随干随浇，午间和傍晚要在地面、叶面喷水，以降温增湿。冬季生长缓慢，应减少浇水，通常见干浇水。

夏季始终放在阳光充足的地方养护。9月下旬移入调温温室越冬，室温应保持18℃以上，来年春季再移到室外，或常年在观赏温室及室内花园中陈设。春季如移到室外，最好先放在背风的遮阴下过渡一段时间，每天向叶面上喷水1～2次，以防因空气过分干燥而焦边黄叶。

（4）适时施肥　对于盆栽的变叶木，除在上盆时添加有机肥外，春、夏、秋三季是其生长旺季，需肥量大，应每隔20～30天施1次饼肥或氮、磷、钾的复合肥，每次每盆根据苗木大小施腐熟花生饼肥10～20克、或腐殖酸涂层缓释肥（15-10-15）3～5克，尽量少施氮肥，以免叶色变绿、色彩斑点减少。冬季温度偏低时，停止施肥，才能安全越冬。

（5）叶面喷肥　生长旺季可采用600～800倍含腐殖酸水溶肥料或600～800倍含氨基酸水溶肥料或600倍高活性有机酸叶面肥，配合0.2%～0.3%磷酸二氢钾液肥进行叶面喷施。

六、大叶黄杨

大叶黄杨（图2-14）别名冬青卫矛、黄杨木，原产于我国贵州、广西、广东、湖南、江西，现全国各省（区、市）均有栽培。

1. 生长习性

大叶黄杨为卫矛科卫矛属常绿灌木或小乔木，喜光，稍耐阴，有一定的耐寒力，在淮河流域可露地自然越冬，华北地区需保护越冬，在东北和西北的大部分地区均作盆栽。对土壤要求不严，在微酸、微碱土壤中均能生长，在肥沃和排水良好的土壤中生长迅速，分枝也多。

图 2-14　大叶黄杨

2.观赏应用

大叶黄杨是优良的园林绿化树种，可栽植绿篱及背景种植材料，也可单株栽植在花境内，将它们整成低矮的巨大球体，相当美观，更适合用于规则式的对称配植。

3.地栽大叶黄杨安全高效施肥

（1）定植施肥　地栽应带有完好的土团。地栽时一定要栽在排水良好的地段；金边、金心、银边等优良品种应栽在疏荫处，忌阳光暴晒；如果土壤瘠薄，应多施一些有机肥，或换用肥沃的田园土，旱季应及时灌水，入冬前把水灌足，以防根系受冻。一般可每亩施生物有机肥 50～70 千克，或商品有机肥 100～150 千克，或无害化处理过的腐熟猪圈粪 1000～1500 千克，或无害化处理过的腐熟牛圈粪 1000～1500 千克，或无害化处理过的腐熟堆肥 1500～2000 千克，或无害化处理过的腐熟鸡粪 100～150 千克，或无害化处理过的腐熟饼肥 80～100 千克。

（2）生长期施肥　地栽以后每年早春应增施 1 次有机肥，一般可每亩施生物有机肥 50 千克，或商品有机肥 100 千克，或无害化处理过的腐熟猪圈粪 1000 千克，或无害化处理过的腐熟牛圈粪 1000 千克，或无害化处理过的腐熟堆肥 1500 千克，或无害化处理过的腐熟鸡粪 150 千克，或无害化处理过的腐熟饼肥 100 千克。如果不是很缺肥，也可采用 600～800 倍含腐殖酸水溶肥料或 600～800 倍含氨基酸水溶肥料或 600 倍高活性有机酸叶面肥，配合 0.2%～0.3% 磷酸二氢钾液肥进行叶面喷施。其他不需特殊管理，按绿化需要修剪成形的绿篱或单株，每年春、夏各进行一次修剪。

七、富贵竹

富贵竹（图 2-15）别名绿叶竹蕉、万寿竹、距花万寿竹、开运竹、富贵塔，原产于加利群岛及非洲和亚洲热带地区，现我国各地均有栽培。

图 2-15　富贵竹

1. 生长习性

富贵竹为龙舌兰科龙血树属多年生常绿小乔木观叶类植物，性喜阴湿、高温，耐涝，耐肥力强，抗寒力强，喜半阴的环境，适宜生长于排水良好的砂质土或半泥砂及冲积层黏土中。

2. 观赏应用

富贵竹象征着富贵吉祥。它具有细长潇洒的叶子、翠绿的叶色，其茎节表现出貌似竹节的特征，却不是真正的竹。中国有"花开富贵，竹报平安"的祝辞，由于富贵竹茎叶纤秀，柔美优雅，极富竹韵，故而很得人们喜爱。富贵竹主要作为盆栽观赏植物，其观赏价值高。

3. 地栽富贵竹安全高效施肥

（1）土地选择 由于富贵竹是喜阴湿的观赏植物，为此要加速其生长，缩短生产周期，创造更佳的经济效益，以选择排灌方便、土壤疏松肥沃的稻田栽培为宜。

（2）搭遮阳棚 搭建遮阳棚即是盖遮阳网，稻田四周用木柱或水泥柱搭架，木柱要求高 2.4 米、深埋 0.4 米，若按 20 平方米用 4 条木柱（或水泥柱）计，每亩需木柱 30～35 条，棚顶面上用铁丝或尼龙绳系紧。然后按 10 捆/亩塑料遮阳网，盖好遮阴，再用尼龙绳系好四周即成。

（3）整地密植 整地时畦面高度为 15～20 厘米、宽 120～150 厘米，畦沟深 25 厘米。每亩施生物有机肥 50～70 千克，或商品有机肥 100～150 千克，或无害化处理过的腐熟猪圈粪 1000～1500 千克，或无害化处理过的腐熟牛圈粪 1000～1500 千克，或无害化处理过的腐熟堆肥 1500～2000 千克，或无害化处理过的腐熟鸡粪 100～150 千克，或无害化处理过的腐熟饼肥 80～100 千克，并配施复合肥（15-15-15）15～20 千克。充分耙平后，插植株苗。一般栽植不要过密，栽植深度以 2.5～3.5 厘米为宜。

（4）适时追肥 适施苗肥，植株种植 20 天后，开始诱发新根，可淋 1 次腐熟稀粪水 1500～2000 千克/亩。30～40 天后，视苗的生长情况，追施 1 次攻苗肥，一般每亩施腐殖酸涂层缓释肥（15-10-15）15～20 千克，施后培土。当植株长至 35～45 厘米高时，需要的养分增多，植株开始进入生长旺盛阶段，此期追肥要重肥，每亩施腐殖酸涂层缓释肥（15-10-15）25～30 千克、增效尿素 10～15

千克为宜。同时可采用 600～800 倍含腐殖酸水溶肥料或 600～800 倍含氨基酸水溶肥料或 600 倍高活性有机酸叶面肥，配合 0.2％～0.3％磷酸二氢钾液肥进行叶面喷施，以促进其生长平衡，叶茂茎粗，提高抗逆力。

4. 盆栽富贵竹安全高效施肥

（1）盆栽造型　富贵竹既可单株盆栽，亦可采用多株分层次进行组合式盆栽。随着花卉文化的发展和人们审美情趣的日渐丰富，近年来，采用不同长度、不同株数、不同层次进行的组合式盆栽艺术日渐风靡。例如，畅销市场的"富贵竹塔"就是采用高低不同的三组或多组富贵竹茎构成的。其方法就是把富贵竹顶尖剪掉，将剩余的茎按制作要求剪成一定长度的插条，通过扦插生根后进行盆栽。

（2）水培管理　由于富贵竹容易生根成活，目前市场上盛行水栽。其水栽培技术要点是：要保持花盆或花瓶始终有适量的水，而且要经常加水，不使干燥；每月要放置窗台，晒 1～2 天阳光。

定植 10～15 天后可追施少量 0.3％浓度的尿素，以后每半月追施 1 次。当苗抽高达 20～30 厘米时，若植株瘦弱、叶色无光泽，可采用 600～800 倍含腐殖酸水溶肥料或 600～800 倍含氨基酸水溶肥料或 600 倍高活性有机酸叶面肥，配合 0.2％～0.3％磷酸二氢钾液肥进行叶面喷施，直接喷洒全株叶背、叶面，促其株、叶转壮、转绿。追肥一定要施在行距间的空隙处，不要直接施到植株根部，以防烧坏根系及脚叶。

❀❦❀ 第三节 ❦❀❀

乔木观叶类花卉安全高效施肥技术

一、橡皮树

橡皮树（图 2-16）又名印度橡树、印度橡胶树、护漠树、橡胶榕、印度榕大叶青、红缅树、红嘴橡皮树等，原产于印度及马来西亚，现我国各地多有栽培。

图 2-16 橡皮树

1.生长习性

橡皮树为桑科榕属常绿大乔木。橡皮树性喜高温高湿、日照充足，忌黏性土，不耐瘠薄和干旱，喜疏松、肥沃和排水良好的微酸性土壤。

2.观赏应用

橡皮树叶片肥厚而绮丽，叶片宽大美观且有光泽，红色的顶芽状似伏云，托叶裂开后恰似红缨倒垂，颇具风韵。它观赏价值较高，是著名的盆栽观叶类植物。橡皮树叶大光亮，四季常青，是大型的耐阴观叶类植物。盆栽是点缀宾馆大堂和家庭居室的好材料，南方常配置于建筑物前、花坛中心和道路两侧等处。

3.盆栽橡皮树安全高效施肥

（1）盆栽营养土配制 盆栽营养土可采取黏壤土 6 份、腐叶土 2～3 份、堆肥土 1～2 份的比例配合，搅拌均匀后备用；也可用腐叶土 4 份、壤土 2 份、河沙 3 份、腐熟有机肥 1 份混合配成。

（2）盆土管理 繁殖成活的小苗，先栽于口径 10 厘米的小盆。栽好后将盆置于半阴环境中，经 7～10 天后逐渐增加光照，以后便可放在阳光充足的地方。第二年春将其换入 12～15 厘米的盆中。以后每隔 2～3 年换 1 次盆。每次换盆要去掉部分陈土添加新土，盆底宜放几片蹄角片或撒一些粪干作为基肥。

橡皮树生长比较强健，病虫害很少。因此，管理工作不太繁杂。它的最佳生长温度白天为 25～30℃、夜间为 12～15℃。在此温度条件下，每天需早晚各浇 1 次水。夏季气温常常超过上述最佳生长温度，蒸发量大，可在叶面喷水 1～2 次，以减少其蒸腾，增加空气湿度和降低叶面温度。除了增加浇水和喷水外，盛夏宜将植株搬到中午前后阴凉的地方，以免叶片受强烈阳光照射，使叶片边缘受灼发生焦枯。气温温和的春秋两季，浇水可改为 1 天 1 次，或隔日 1 次。植株长到 30～40 厘米高度时，就适宜放到空间小的环境里摆饰。植株长到 80 厘米以上时，便可摘心，促使分枝；选留 3～4 根侧枝培养成主枝，形成开展的圆头形树冠。橡皮树在 10 月下旬可搬入室内越冬。

（3）施肥管理　在每年生长期中，应追施液肥 2～4 次，一般每隔 40～50 天追肥 1 次。肥料可用经过充分腐熟的饼肥水或鸡粪，每次可用充分腐熟发酵豆饼或花生饼按 1∶20 兑水浇施，或 10％花卉水溶肥料（20-10-20）进行浇施。

在全年的追肥中，也可穿插追施复合化肥，每盆施腐殖酸涂层缓释肥（15-10-15）或三元复合肥（15-15-15）5～10 克为宜。

（4）叶面喷肥　生长期间结合喷水可采用 600～800 倍含腐殖酸水溶肥料或 600～800 倍含氨基酸水溶肥料或 600 倍高活性有机酸叶面肥，配合 0.2％～0.3％磷酸二氢钾液肥进行叶面喷施。

二、罗汉松

罗汉松（图 2-17）别名罗汉杉、长青罗汉杉、土杉、金钱松、仙柏、罗汉柏、江南柏，原产于我国长江以南至广东、广西、云南、贵州等省（区），现我国各地多有栽培。

1. 生长习性

罗汉松为罗汉松科罗汉松属常绿针叶乔木。罗汉松喜温暖、湿

图 2-17 罗汉松

润气候，耐寒性弱，耐阴性强，喜疏松肥沃和排水良好的微酸性土壤，在腐殖土中生长特别良好，不耐盐碱和瘠薄，在轻碱土中叶片常常发黄，比较耐旱，不耐水涝。对二氧化硫、硫化氢、氧化氮等多种污染气体抗性较强，抗病虫害能力强。

2.观赏应用

罗汉松盆景树姿葱翠秀雅，苍古矫健，叶色四季鲜绿，有苍劲高洁之感。罗汉松神韵清雅挺拔，自有一股雄浑苍劲的傲人气势，再加上契合中国文化"长寿""守财吉祥"等寓意，庭院中种上一两株罗汉松，可为打造"园式物语"添上神来之笔。罗汉松如附以山石，制作成鹰爪抱石的姿态，更为古雅别致。罗汉松与竹、石组景，极为雅致。丛林式罗汉松盆景，配以放牧景物，颇有野趣。适合于园林中孤植、对植、群植、列植或盆栽造型等。

3.地栽罗汉松安全高效施肥

华南和西南地区东南部的城市园林可进行地栽。

（1）苗圃地选择 在扦插罗汉松前，应选择比较适宜的苗圃地，一般要求苗圃地为土壤疏松透气、土质肥沃、交通状况方便、排灌条件良好的地块。在扦插基质的选择上，珍珠岩、河沙、土壤均可。

（2）苗木肥水运筹　在罗汉松扦插后应经常进行叶面追肥，可结合在喷药防病的基础上进行。在罗汉松形成愈伤组织且长出幼根后，可选择氮肥液进行喷施；结合喷药可采用600～800倍含腐殖酸水溶肥料或600～800倍含氨基酸水溶肥料或600倍高活性有机酸叶面肥，配合0.1%～0.1%尿素液肥进行叶面喷施。在产生大量的根系至移栽前，可适当地提高氮肥的喷施浓度，可采用600～800倍含腐殖酸水溶肥料或600～800倍含氨基酸水溶肥料或600倍高活性有机酸叶面肥，配合0.2%～0.3%磷酸二氢钾液肥进行叶面喷施。在水分管理上，应做到间干间湿。

（3）地栽肥水运筹　苗木移植以春季3月最适宜，应多带宿土或土球。地栽挖坑时，每株可施无害化处理过的腐熟猪圈粪20～30千克或无害化处理过的腐熟牛圈粪20～30千克或无害化处理过的腐熟堆肥30～50千克。生长旺季每月施肥3～4次，夏、秋季节不必追肥，以防枝叶徒长而降低抗寒能力。每次每株施腐殖酸涂层缓释肥（15-10-15）0.3～0.5千克，或三元复合肥（15-15-15）0.2～0.4千克。

浇水掌握间干间湿的原则，不宜过多，夏季每天早晚进行1次叶面喷水，以提高空气湿度，还要适当遮阴，防止强光曝晒。冬季霜冻期要采取相应的增温保暖措施。

4. 盆栽罗汉松安全高效施肥

北方地区罗汉松只能作为盆栽。

（1）盆栽营养土配制　一般可用腐叶土或泥炭5份、面沙5份混合配制；也可用田土或晒干的塘泥5份、河沙3份、谷壳灰或锯末1.5份、家禽粪0.5份混合而成。

（2）盆土管理　在北方应使用酸性营养土上盆，桶栽时可用面沙和泥炭相混合做培养土，可2～3年在春季萌芽前翻盆换土1次，剪除枯朽根、过长根等，剔除1/3～1/2宿土，换上新的营养土。

树大盆小的要更换大一号的盆。

小型盆株不要在阳光下暴晒，应经常喷水来提高空气湿度，掌握间干间湿的浇水原则。春秋季每 1～2 天浇水一次，夏季每日早晚各浇水一次，三伏天除向盆土浇水外，还应向植株喷水、地面洒水。冬季每 3～5 天浇水一次。冬季可移入冷室越冬，室温应保持在 1～10℃之间，室温过高对其来年生长不利。罗汉松和小叶罗汉松可在阳光下养护；短叶罗汉松和大理罗汉松应庇荫养护，冬季可见充足的阳光。

（3）适时追肥 罗汉松需肥量大，生长期可每月追施稀薄饼肥水或复合肥液 2～3 次。每次可用充分腐熟发酵豆饼或花生饼按 1∶20 兑水浇施，或 10％花卉水溶肥料（20-10-20）进行浇施。休眠期应停止追肥。

（4）叶面喷肥 生长期间结合喷水可采用 600～800 倍含腐殖酸水溶肥料或 600～800 倍含氨基酸水溶肥料或 600 倍高活性有机酸叶面肥，配合 0.1％～0.2％尿素液肥进行叶面喷施。

三、巴西木

巴西木（图 2-18）学名香龙血树，别名巴西铁树、巴西千年木、金边香龙血树，原产于非洲西部热带地区，现我国各地多作室内盆栽栽培。

1. 生长习性

巴西木为百合科龙血树属常绿乔木，性喜光照充足、高温、高湿的环境，耐阴、耐干燥，在明亮的散射光和北方居室较干燥的环境中，也生长良好。较耐肥，要求排水良好、肥沃的砂壤土。

2. 观赏应用

巴西木是颇为流行的室内大型盆栽花木，也是一种世界著名的新一代室内观叶类植物，株形优美、规整。小型盆栽是家庭案几、窗台以及宾馆、酒吧花槽的良好装饰品，大型植株呈伞状，摆设在大厅、楼堂等处，给人以典雅、舒适的享受。还可与其他植物配置

图 2-18　巴西木

成组合式装饰，也可作切叶之用，长久水养，叶色绚丽，别具情趣。

3.盆栽巴西木安全高效施肥

（1）盆栽营养土配制　盆栽巴西木可用菜园土 3 份、腐叶土 2 份、泥炭土 2 份、河沙 3 份混合配制而成；或用经晒干细碎的肥沃塘泥 2/3 和粗河沙 1/3 拌匀混合配制而成培养土；还可用田园土 3 份、腐叶土或泥炭土 3 份、砻糠灰或珍珠岩 3 份、饼肥或腐熟的牛粪 1 份混合配制而成。

（2）盆土管理　巴西木栽培数年后，植株过于高大或茎干下部叶片脱落，树形较差时，应进行换盆及修剪。一般在每年早春换盆或换土。

只要温度等条件适合，巴西木一年四季都可生长。夏季高温时，需适当遮阴，冬季室温不可低于 5℃。室内摆放巴西木应在光线充足的地方。若光线太弱，叶片上的斑纹会变绿，基部叶片黄化，失去观赏价值。在培养期间要保持水质的清洁，每星期浇水 1～2 次，水不宜过多，以防树干腐烂。夏季高温时，可用喷雾法来提高空气湿度，并在叶片上喷水，保持湿润。

（3）施肥管理　在巴西木生长期间，每10～15天施1次肥，每次可用充分腐熟发酵豆饼或花生饼按1∶20兑水浇施，或10%花卉水溶肥料（20-10-20）进行浇施，也可用600～800倍含腐殖酸水溶肥料，或600～800倍含氨基酸水溶肥料，或600倍高活性有机酸叶面肥，或0.1%～0.2%尿素、0.2%磷酸二氢钾液肥进行叶面喷施。从9月上旬起，停施氮肥，每30天左右增施2～3次磷、钾肥，每次每盆可施氮磷钾复合肥（5-20-26）0.2～0.3千克，也可叶面喷施0.2%～0.3%磷酸二氢钾液肥。

4.巴西木水培安全高效施肥

巴西木也可水培养护。水培就是以水为基质，将巴西木树桩直栽在盛水的盆具（容器）里，或在巴西木生长时，施以所需的营养液，以供居室绿化装饰用。

（1）营养液配制　巴西木水培营养液以富含硝态氮的偏酸性营养液为佳，其中每升营养液含有四水硝酸钙1.06克、磷酸二氢钾0.136克、硝酸钾0.303克、硫酸钾0.261克、七水硫酸镁0.492克。

（2）水培养护　将巴西木柱状树干锯成10～20厘米的茎段，上端为了防止水分蒸发，应涂蜡防护，然后置于盛水的盆具中，立即浇施稀释50～100倍液的营养液，让基质充分吸透，在苗木叶上喷0.1%磷酸二氢钾水溶液，不久便能在下部生出新根，并在上端萌发抽枝，然后在充足光照下正常管理。

使用陶粒等颗粒较大的栽培基质时，每周需补充稀释1～2倍的营养液。当发现陶粒表面有如白霜类的物质时，表明陶粒附着盐类，此时可清洗栽培基质。碱性土壤用稀释10倍的米醋冲洗1次，向下淋潴的溶液再反复冲洗基质2～3次，然后连同营养液一起倒掉，更换新配制的营养液。这次营养液要稀释1倍的原液，以后浇灌时，用稀释5～10倍的营养液。平时养护，每30天左右用稀释10倍的米醋浇施1次，避免大水冲洗，营养液可在6～12个月更换1次。水培第1年生长最为旺盛，第2年随着养分的逐步消耗，原来坚实的茎段逐渐变软，树皮浮松，叶片由绿变黄，如果能及时栽入土中，则可继续生长观赏。

四、发财树

发财树（图 2-19）学名瓜栗，别名马拉巴栗、中美木锦，原产于热带美洲，现我国各地多作盆栽栽培。

图 2-19　发财树

1.生长习性

发财树为木棉科瓜栗属常绿乔木。发财树性喜温暖、湿润，对光照要求不严，无论是在强光下还是在弱光的房间内，都能较好适应。喜肥沃疏松、透气保水的酸性砂壤土，忌碱性土或黏重土壤。

2.观赏应用

发财树树姿优雅，树干苍劲、古朴，车轮状的绿叶转射平展，枝叶潇洒婆娑，观赏价值高，尤以 3～5 株及各种辫状或螺旋状造型为最，已成为室内观赏植物的佼佼者，曾被联合国环保组织评为世界十大室内观赏花木之一。盆栽用于美化厅、堂、宅，有"发财"之寓意，给人们美好的祝愿。可加工成各种艺术造型的桩景和盆景。在南方常作行道树和风景树。

3.盆栽发财树安全高效施肥

（1）盆栽营养土配制　发财树要求黏重、中度肥沃、有良好排水性能、pH6.5左右的土壤。一般用园土6份、腐熟有机肥2份、粗砂2份或腐叶土8份、煤渣灰2份配制成培养土。

（2）盆土管理　盆栽宜采用浅植，使膨大的根部显露。树干可用细绳拴缚成型，叶片保持层次有序或结成奇特的造型。盆栽宜每1～2年进行修剪及换盆1次，盆应逐年换稍大点的盆，并增添基肥和更新营养土，促使其苗壮生长。

夏季应避免阳光直射，摆放在有散射光的地方，冬季摆放在室内明亮处。冬季室温保持在15～25℃，切忌室温在8℃以下，否则易发生寒害，轻者落叶，重则死亡。发财树不宜过多浇水，以防盆土积水，确保叶色翠绿。春季应修剪枝条，以促使茎基萌生新枝，使长出的新枝便于绑编造型。

（3）施肥管理　发财树为喜肥花木，对肥料的需求量大于常见的其他花木。每年换盆时，肥土的比例可占1/3，甚至更多。可收集阔叶树落叶腐殖土，加少许田园土和杂骨末、豆饼渣混合配制，并适当加入腐殖酸涂层缓释肥（15-10-15）5～10克，最后浇足水。

发财树生长期（5月至9月），每间隔15天，可施用1次腐熟的液肥或混合型育花肥，以促进根深叶茂。每次可用充分腐熟发酵豆饼或花生饼按1：30兑水浇施，或10%花卉水溶肥料（20-10-20）进行浇施，也可用600～800倍含腐殖酸水溶肥料或600～800倍含氨基酸水溶肥料或600倍高活性有机酸叶面肥，或0.1%尿素、0.2%磷酸二氢钾液肥进行叶面喷施。

五、荷兰铁

荷兰铁（图2-20）别名龙血树、千年木、巨丝兰、象脚丝兰、无刺丝兰，原产于北美温暖地区，我国常见的有剑叶龙血树、星龙血树、虎斑龙血树和香龙血树。

图 2-20　荷兰铁

1. 生长习性

荷兰铁为百合科丝兰属常绿乔木，性喜高温、多湿和阳光充足，耐阴，耐旱，耐寒力强。对土壤要求不严，以疏松、富含腐殖质的壤土为佳。

2. 观赏应用

荷兰铁株形规整，茎干粗壮，叶片坚挺翠绿，极富阳刚、正直之气质。它适应性强，生命力旺盛，栽培管理简单，同时是一种对多种有害气体具有较强的吸收能力的植物，是室内外绿化装饰的理想材料。作中小盆栽，布置于会议室、大厅、走廊、过道等处，可营造庄重、严肃的气氛；盆栽的幼小植株放于书架、办公桌上，也极受欢迎。

3. 盆栽荷兰铁安全高效施肥

（1）盆栽营养土配制　可用园土 3 份、腐叶土 3 份、河沙 3份、腐熟厩肥 1 份混合配制而成。

（2）盆土管理　荷兰铁定植后要经常保持盆内土壤湿润，肥水随季节变化。夏季炎热干燥，每周浇水2～3次，冬季根据室内湿度每周1次或更少。为避免叶尖枯黄，每天早晨可适当向叶面喷水。四季均应保证有充足的阳光，越冬温度不得低于5℃。

（3）适时追肥　四季均可浇施液肥。春夏生长旺盛季节，适量施以腐熟的含氮较高的有机肥水。可以用饼肥粉末2份、米糠2份、加水4份密闭发酵，经1～2月腐熟后，其上部汁液，稀释后可用；或用无害化处理过的充分腐熟的鸡粪、发酵豆饼或花生饼按1：20兑水浇施。冬季适当施用饼肥或其他新型长效花肥。可用充分腐熟发酵豆饼或花生饼按1：50兑水浇施，或8%花卉水溶肥料（20-10-20）进行浇施。经常检查盆内土壤的pH，如pH到7左右，则应当用黑矾溶液调节pH到6～6.5之间，同时也适当增加土壤含铁量。

（4）叶面喷肥　春夏季节期间结合喷水可采用600～800倍含腐殖酸水溶肥料或600～800倍含氨基酸水溶肥料或600倍高活性有机酸叶面肥，配合0.1%～0.2%尿素液肥进行叶面喷施。

❀❀❀ 第四节 ❀❀❀

藤本及棕榈状观叶类花卉安全高效施肥技术

一、紫藤

紫藤（图2-21）别名朱藤、黄环、葛藤、葛花、藤蔓树、招豆藤、微藤、藤花、猪花藤，原产于中国、朝鲜、日本，在中国从南到北都有栽培。

1.生长习性

紫藤为豆科紫藤属大型落叶藤本植物，生长强健，适应性强，喜阳光充足，略耐阴，较耐寒。对土壤和气候适应性强，但在深厚、肥沃、排水良好、疏松的土壤中生长最旺。

2.观赏应用

紫藤是优良的观花藤本植物，一般应用于园林棚架，春季紫花

图 2-21　紫藤

烂漫，别有情趣，适栽于湖畔、池边、假山、石坊等处，具有独特风格，也常用作盆景。紫藤为长寿树种，民间极喜种植，成年的植株茎蔓蜿蜒屈曲，开花繁多，串串花序悬挂于绿叶藤蔓之间，瘦长的荚果迎风摇曳，自古以来中国文人皆爱以其为题材咏诗作画。在庭院中用其攀绕棚架，制成花廊，或用其攀绕枯木，有枯木逢生之意。还可做成姿态优美的悬崖式盆景，置于高几架、书柜顶上，繁花满树，老桩横斜，别有韵味。

3.地栽紫藤安全高效施肥

（1）栽植施肥　栽植要选择排水良好的向阳干燥处，土壤过度潮湿容易烂根。种植前须先设立棚架，由于紫藤寿命长，枝粗叶茂，重量大，棚架应坚实耐久。紫藤属直根性树种，移栽时应扩大挖掘范围，并深挖穴。每穴可施无害化处理过的腐熟猪圈粪 20～30 千克或腐熟牛圈粪 20～30 千克或腐熟堆肥 30～50 千克，肥上盖一定量的土，再行栽植，栽后要及时浇水。

栽植时要尽量多带侧根，并带一定的土球。栽植时间在 3 月份，栽前剪除上部部分枝条，以减少蒸腾，集中养分于根部，促进成活。为了提高移植成活率，可采用灌根施 ABT 3 号生根粉的方法，使用浓度为 10 毫克/千克。

（2）栽植后常年肥水管理　紫藤除定植施基肥外，每年秋季还应施一定量的有机肥、草木灰等基肥。每穴可施无害化处理过的腐熟猪圈粪 20～30 千克或腐熟牛圈粪 20～30 千克或腐熟堆肥 30～50 千克，并配施腐殖酸涂层缓释肥（15-10-15）0.3～0.5 千克或草木灰 10～20 千克为宜。在华北地区，每年春季灌足返青水，冬季前浇足封冻水也是十分重要的。

（3）棚架管理　地栽时主要是用来美化园林中的棚架，随着茎蔓的加长生长。应将主蔓牵引绑扎到棚架上，夏季进行摘心，促使其抽生侧蔓以便尽快布满棚架。生长多年以后，枝蔓会越长越密，重量越来越大，使棚架的负担过重，为此应在早春萌芽前进行疏剪，使棚架上的枝蔓保持合理的密度。在华北地区可露地越冬，东北和西北的部分严寒地区应在入冬前将茎蔓从棚架上卸下来，挖沟埋土保护越冬。

二、爬山虎

爬山虎（图 2-22）又称捆石龙、枫藤、小虫儿卧草、红丝草、红葛、趴山虎、红葡萄藤、巴山虎，原产于亚洲东部、喜马拉雅山区及北美洲，我国河南、辽宁、河北、山西、陕西、山东、江苏、安徽、浙江、江西、湖南、湖北、广西、广东、四川、贵州、云南、福建都有栽培。

1. 生长习性

爬山虎为葡萄科爬山虎属落叶木质藤本。爬山虎适应性强，性喜阴湿环境，但不怕强光，耐寒，耐旱，耐贫瘠，气候适应性广泛，在暖温带以南冬季也可以保持半常绿或常绿状态。耐修剪，怕积水，对土壤要求不严，在阴湿环境或向阳处，均能茁壮生长，但在阴湿、肥沃的土壤中生长最佳。

图 2-22　爬山虎

2.观赏应用

爬山虎在绿化中已得到广泛应用，尤其在立体绿化中发挥着举足轻重的作用。它不仅可达到绿化、美化效果，还发挥着增氧、降温、减尘、减弱噪声等作用，是藤本类绿化植物中用得最多的材料之一。

在立体空间绿化方面，如楼房的墙面、围墙等，不论墙有多高多宽，爬山虎都能覆盖全墙面，但不爬栏越窗。可以在墙脚处栽几株爬山虎，特别是它在翻越墙头后又能成为绿色垂帘，绿化效果更具特色。

在城市屋顶绿化方面，对绿化植物要求较高，必须选用主根浅、抗干旱、耐高温（严寒）、少修剪等抗逆性强的植物材料，爬山虎就非常符合这些条件。尤其对于气候干旱、严重缺水的城市，它更是极好的绿化材料。

在护坡绿化方面，如高速公路等护坡绿化时，栽植爬山虎可以达到满意的绿化效果。爬山虎还是秋季色叶植物，深秋时，叶片从绿转黄再变红，鲜艳，透亮，在连绵不断的坡地上面，无论是远观还是俯瞰，都不亚于香山红叶的壮观，并且其观赏期从 9 月下旬到11 月中旬长达近两个月。每当深秋，"霜重色愈浓"。

3. 地栽爬山虎安全高效施肥

（1）定植基肥 移植或定植在落叶期进行，定植前施入有机肥作为基肥，每穴可施无害化处理过的腐熟猪圈粪 30～50 千克，或无害化处理过的腐熟牛圈粪 30～50 千克，或无害化处理过的腐熟堆肥 50～70 千克，并剪去过长茎蔓，浇足水，则容易成活。

（2）栽植后常年肥水管理 前两年每年施肥 2～3 次，每株每次根施腐殖酸涂层缓释肥（15-10-15）0.1～0.2 千克，以有利于苗木快速生长。两年后一棵茎一般粗达 2～3 厘米，绿叶覆盖绿化可达 30～50 平方米。两年以后，每隔一年每株可施无害化处理过的腐熟猪圈粪 30～50 千克，或无害化处理过的腐熟牛圈粪 30～50 千克，或无害化处理过的腐熟堆肥 50～70 千克。

（3）修剪美化 在爬山虎生长期间要适时做好夏季修剪和冬季修剪，以保持绿化整洁、美观的效果。

三、凌霄

凌霄（图 2-23）别名紫葳、五爪龙、红花倒水莲、倒挂金钟、上树龙、上树蜈蚣、白狗肠、吊墙花、芰华，产于我国长江流域各地，以及河北、山东、河南、福建、广东、广西、陕西、台湾等地区均有栽培。

1. 生长习性

凌霄为紫葳科凌霄属落叶攀缘藤本。凌霄喜充足阳光，也耐半阴。适应性较强，耐寒、耐旱、耐瘠薄，忌积涝、湿热。在排水良好、富含有机质的微酸性、中性至微碱性土壤中，均能生长良好。

2. 观赏应用

凌霄干枝虬曲多姿，翠叶团团如盖，花大色艳，花期甚长，为庭园中棚架、花门之良好绿化材料；用于攀缘墙垣、枯树、石壁，均极适宜；点缀于假山间隙，繁花艳彩，更觉动人；经修剪、整枝等栽培措施，可成灌木状栽培观赏；管理粗放，适应性强，是理想的城市垂直绿化材料。

图 2-23　凌霄

3.地栽凌霄安全高效施肥

（1）栽植施肥　露地栽植的凌霄，栽植成活后的管理工作，一般比较粗放。树穴适当扩大深挖，深挖树穴后，在栽植前应进行回填，待回填到一定的深度后再行栽植。回填时宜将肥分高、土壤结构好的表层土填入穴底，最好还在回填土中掺入腐熟的有机肥，每株可施无害化处理过的腐熟猪圈粪 30～50 千克，或无害化处理过的腐熟牛圈粪 30～50 千克，或无害化处理过的腐熟堆肥 50～70 千克。以这些腐熟的有机肥作为基肥，可使基部土壤得到进一步的改善，有利于植株的生长发育。

（2）栽植后常年肥水管理　栽植成活后的管理工作，主要是在春季进行。春季植株萌芽前，首先要进行修剪，把细弱的、过密的、交叉重叠的，以及干枯老枝全部修去，使枝条分布匀称，各得其所。

待凌霄发芽之后，应施 1 次稍浓的液肥。肥料种类宜用鸡鸭粪水或人粪尿，可用无害化处理过的充分腐熟的鸡粪、发酵豆饼或花生饼按 1：30 兑水浇施，或 10% 腐熟人粪尿粪水浇施。施肥之后应跟着浇 1 次透水，以促进凌霄的枝叶生长和花芽分化与发育。

秋季落叶之后，可将植株根际的土壤翻挖 1 次，每隔 2～3 年可结合翻挖施 1 次腐熟的厩肥，每次可施无害化处理过的腐熟猪圈粪 30～50 千克，或无害化处理过的腐熟牛圈粪 30～50 千克，或无害化处理过的腐熟堆肥 50～70 千克。

四、常春藤

常春藤（图 2-24）别名洋常春藤、长春藤、土鼓藤、木苈、百角蜈蚣、钻天风、三角风、散骨风、枫荷梨藤，原产于我国，主要分布在华中、华南、西南、甘肃和陕西等地。

图 2-24　常春藤

1. 生长习性

常春藤为五加科常春藤属的常绿攀缘藤本植物。常春藤性喜温暖、阴凉的环境，忌阳光直射，但喜光线充足，较耐寒，抗性强，对土壤和水分的要求不严，以中性和微酸性为最好。

2. 观赏应用

常春藤的叶色和叶形变化多端，四季常青，是优美的攀缘性植物，可以用作棚架或墙壁的垂直绿化。常春藤又适合于室内盆栽培养，是非常好的室内观叶植物，可制作盆栽、吊篮等。常春藤也是切花的配置材料，此外，与其他植物配合种植，是很好的地被材料。江南庭园中常用作攀缘墙垣及假山的绿化材料；北方城市常盆栽作室内及窗台绿化材料。

3.地栽常春藤安全高效施肥

在南方多栽在庭园的阴凉地段或墙壁的脚下或假山石的缝隙中，土层厚薄均可，但土质应具有较强的保水性能。栽植时，每穴可施无害化处理过的腐熟猪圈粪 20～30 千克，或无害化处理过的腐熟牛圈粪 20～30 千克，或无害化处理过的腐熟堆肥 30～50 千克。栽植后及时浇水覆土。日常养护时应保持土壤湿润，注意防风和防治蚧壳虫，并应人工牵引，帮助它们攀缘在其他物体上生长。

4.盆栽常春藤安全高效施肥

（1）盆栽营养土配制　营养土宜选川腐叶或炭土加 1/4 河沙和少量骨粉混合配成的营养土；也可按珍珠岩∶干牛粪∶细砂＝2∶1∶1；蛭石∶泥炭∶炭化稻壳＝2∶2∶1；苔藓泥炭∶松鳞∶珍珠岩＝6∶3∶1等配方混合均匀，可因地制宜选取一种。

（2）盆土管理　小苗上盆（最好每盆栽 3 株）长到一定高度时要注意及时摘心，促使其多分枝，则株形显得丰满。盆栽要设支柱，使其攀附向上生长，或作悬垂吊盆栽培，柔枝蔓茎自然下垂飘荡，一般每隔一两年换一次盆。

（3）水分管理　生长季节浇水要见干见湿，不能让盆土过分潮湿，否则易引起烂根落叶。冬季室温低，尤其要控制浇水，保持盆土微湿即可。北方冬季气候干燥，最好每周用与室温相近的清水喷洗 1 次，以保持空气湿度，则植株显得有生气，叶色嫩绿而有光泽。

（4）适时施肥　在生长季节 2～3 周施 1 次稀薄饼肥水，可用无害化处理过的充分腐熟发酵豆饼或花生饼按 1∶30 兑水浇施，也可根据基质 EC 值的情况交替浇施 150 毫克/千克氮浓度水溶性肥料（20-20-20）和水溶性肥料（14-0-14）。一般夏季和冬季不要施肥。

（5）叶面喷肥　生长旺季可采用 600～800 倍含腐殖酸水溶肥料或 600～800 倍含氨基酸水溶肥料或 600 倍高活性有机酸叶面肥，配施 0.2％磷酸二氢钾液 1～2 次，这样则会使叶色显得更加美丽。但施液肥时需注意要避免沾污叶片，以免引起叶片枯焦。

（6）整形维护　盆栽常春藤应放在庇荫处或陈设在室内，要加强通风，以防发生蚧壳虫危害。如果放在窗台或几架上，会使茎蔓下垂，则显得杂乱无章，观赏价值不高。在室内花园中可作为壁面的美化材料，向墙上拉上细绳供它们缠绕攀缘。如果单盆陈设，则应用竹篦或 8 号铅丝绑扎拍子，通过人工牵引，使茎蔓均匀地分布在拍子上，应不定期修剪，防止茎蔓多层缠绕而造成紊乱。供盆栽常春藤攀缘的拍子形式有很多，可根据个人的爱好来绑扎，常见的拍子形式有螺旋形、筒形、圆球形、扇面形等。

常春藤的耐寒力比较强，在一般家庭居室内可安全越冬。冬季应少浇水并停止追肥，放在南窗的附近让它们多见些阳光。在没有供暖设备的居室内，常春藤如果因气温低而落叶，但只要茎蔓没有受冻则不必去管它，来年春暖后进行一次强修剪，让茎蔓下部的休眠芽萌发而抽生新的茎蔓，再重新牵引绑扎，使植株每年更新 1 次，还能把株棵的大小控制在一定范围之内，以便于室内陈设。

五、龟背竹

龟背竹（图 2-25）别名蓬莱蕉、铁丝兰、穿孔喜林芋，原产于墨西哥，在我国福建、广东、广西、云南等地栽培于露地，在北京、湖北等地多栽培于温室。

1. 生长习性

龟背竹为天南星科龟背竹属攀缘灌木。龟背竹喜温暖、潮湿的环境，切忌强光暴晒和干燥，耐阴，易生长于肥沃疏松、吸水量大、保水性好的微酸性壤土，以腐叶土或泥炭土最好。

2. 观赏应用

龟背竹叶形奇特，孔裂纹状，极像龟背。茎节粗壮又似罗汉

图 2-25 龟背竹

竹，深褐色气生根，纵横交错，形如电线。其叶常年碧绿，极为耐阴，是有名的室内大型盆栽观叶类植物。因为龟背竹的叶子形态很像龟壳，同时具有吸收二氧化碳的奇特本领，有益人的身体健康，所以它的花语是健康长寿。除盆栽以外，常种在廊架或建筑物旁，让龟背竹蔓生于棚架或贴生于墙壁，成为极好的垂直绿化材料。

3. 盆栽龟背竹安全高效施肥

（1）盆栽营养土配制　栽培龟背竹的营养土宜用腐叶土 3 份、堆肥土 2～3 份、沙 2 份混合配制；也可选用腐叶土 3 份、园土 3 份、河沙 3 份、骨粉及腐熟豆饼渣 1 份进行混合配制。

（2）盆土管理　盆栽的龟背竹，形式可以多样。除一般的栽植于花盆外，也可以采用木、铁材料制成的容器栽植。用制作的容器栽植，可悬挂于室内，观赏效果很好，但是容器本身也是一件装饰品，所以必须讲究造型以及容器的大小要与布置的环境相协调。用制作的容器栽培，容器内可先铺 1～2 层棕皮，然后填入盆土，根据容器大小栽 1 株或数株。龟背竹生长较快，宜每年春季换盆 1 次。

盆栽植株在夏季都放在荫棚下培养，家庭栽培可置于北墙及阳光直投射不到的地方。

（3）水分管理 龟背竹在生长期间需要较多的水分，因此在盆栽时，盆内填土要比普通盆栽少些，这样盆口较深，便于浇水。日常浇水每天1次，夏季可每天2次，而冬季可每隔2～4天1次。除往盆中浇水外，还要注意叶面喷水，这样不但能提高观赏效果，而且有利其生长。喷水次数可根据气温高低确定，每天1次至数次。

（4）施肥管理 龟背竹叶片大，生长快，在5～9月内宜每隔10天左右追肥1次。肥料宜用腐熟的饼肥水、麻酱渣水，可用无害化处理过的充分腐熟发酵豆饼或花生饼按1∶50兑水浇施。浇施3～4次后，可浇施1次8％花卉水溶肥料（20-10-20）。追肥宜淡忌浓。

（5）叶面喷肥 在5～9月，可叶面喷施600～800倍含腐殖酸水溶肥料或600～800倍含氨基酸水溶肥料或600倍高活性有机酸叶面肥，配施0.1％尿素溶液；或叶面喷施0.1％尿素、0.2％磷酸二氢钾液1～2次。

六、棕榈

棕榈（图2-26）别名中国扇棕、棕树、山棕，原产于西非，现世界各地均有栽培。棕榈是世界上最耐寒的棕榈科植物之一。除西

图2-26 棕榈

藏外，我国各地均有栽培。

1. 生长习性

棕榈为棕榈科棕榈属常绿乔木，喜温暖、湿润气候，喜光，耐寒性极强，稍耐阴。适生于排水良好、湿润肥沃的中性、石灰性或微酸性土壤，耐轻盐碱，也耐一定的干旱与水湿。抗大气污染能力强。易风倒，生长慢。

2. 观赏应用

棕榈树姿优美，俊逸高雅，充满浓郁的热带风情，被著名的植物学家林奈誉为"植物界的王子"。在热带植物类群中，棕榈植物或雄伟高大、叶阔干壮，具有粗犷健美的阳刚气魄；或亭亭玉立、青翠欲滴，具有娇小纤巧的阴柔之美。棕榈植物以其独特的茎干，独特的大型羽状叶形、掌状叶形描绘出了无与伦比的优美景观。棕皮用途广泛，供不应求，故棕榈系园林结合生产的理想树种，又是工厂绿化的优良树种。可列植、丛植或成片栽植，也常用盆栽或桶栽作室内或建筑前装饰及布置会场之用。

3. 地栽棕榈安全高效施肥

（1）整地施肥　选择土壤潮湿肥沃、排水良好的山脚坡地，尤以田头、地边、宅旁、溪岸、路边等空闲地为佳。在移栽处整地挖穴，穴深30～35厘米，穴长、宽各40厘米，株距2米，作行道树的株距要在3米以上。每株可施生物有机肥1千克，或商品有机肥1.5千克，或无害化处理过的腐熟猪圈粪10千克，或无害化处理过的腐熟牛圈粪10千克，或无害化处理过的腐熟堆肥20千克，或无害化处理过的腐熟鸡粪1千克，或无害化处理过的腐熟饼肥1千克，并配施腐殖酸型过磷酸钙2～3千克。由于棕苗无主根，须根群向四方伸展，故应在穴底中央铺垫一些土，让其高于四周。栽植时，苗茎立于中间高处，须根倾斜伸向四周低处，然后填土踩实。注意不宜栽植过深，严防把苗心埋入土中。穴深苗小的，可在穴底填些腐熟的土杂粪或肥土。

（2）栽植后常年肥水管理　移栽后，每2～3年施肥一次，每株可施生物有机肥 1～1.5 千克，或商品有机肥 1.5～2 千克，或无害化处理过的腐熟猪圈粪 15～20 千克，或无害化处理过的腐熟牛圈粪 15～20 千克，或无害化处理过的腐熟堆肥 20～30 千克，或无害化处理过的腐熟鸡粪 1.5～2 千克，或无害化处理过的腐熟饼肥 1～1.5 千克，并配施腐殖酸型过磷酸钙 15～20 千克。日常还要注意排水防渍，以防引起烂根死亡，并应注意及时清除树干上的苔藓、地衣等。

4. 盆栽棕榈安全高效施肥

（1）盆栽营养土配制　栽植棕榈的盆土，宜采用黏质壤土 8 份、腐熟的牛粪或猪粪 2 份进行混合配制。

（2）盆土管理　棕榈幼苗期生长缓慢，不宜过早地移植，可以在播种盆里培养 2 年，于第三年春季出室后进行分盆移植。移植的时期可比一般花木晚些，约在 4 月中下旬进行。栽植切忌深栽。第一次移植可用口径 9 厘米的小盆，以后每年换 1 次盆，盆也随之逐年增大。植株长大以后，换盆可以隔 2～3 年进行 1 次。换盆时在盆底须先放一层瓦砾，以利排水。

棕榈幼时生长较慢，3～4 年后茎干才露出土面，同时开始出现纤维状叶鞘（即棕皮），在 10 年以后其生长转入旺盛时期。日常管理主要是保持土壤不干，注意浇水；在干旱季节和夏季，每天还应向叶面喷水 1～2 次，这样可防止叶尖枯黄。

（3）适时追肥　盆栽棕榈每年夏季应追肥 1～2 次，肥料可用经过充分腐熟的人粪尿或饼肥水，可用无害化处理过的充分腐熟发酵豆饼或花生饼按 1∶30 兑水浇施，或 8％人粪尿稀粪水浇施。棕榈比较耐肥，但每次追肥宜淡忌浓，以免防根。

（4）叶面喷肥　生长期可叶面喷施 600～800 倍含腐殖酸水溶肥料或 600～800 倍含氨基酸水溶肥料或 600 倍高活性有机酸叶面肥，配施 0.2％磷酸二氢钾液 1～2 次。

七、苏铁

苏铁（图 2-27）又称铁树、辟火蕉、凤尾蕉、凤尾松、凤尾草,原产于福建、台湾、广东,我国各地常有栽培。在福建、广东、广西、江西、云南、贵州及四川东部等地多栽植于庭园,在江苏、浙江及华北地区多栽于盆中。

图 2-27 苏铁

1. 生长习性

苏铁为苏铁科苏铁属常绿乔木。苏铁喜暖热、湿润的环境,不耐寒冷,生长甚慢,寿命约 200 年。喜光,喜铁元素,稍耐半阴。喜肥沃湿润和微酸性的土壤,但也能耐干旱。

2. 观赏应用

苏铁树形古雅,主干粗壮,坚硬如铁;羽叶洁滑光亮,四季常青,叶丛油绿,富有热带风情,为珍贵观赏树种。南方多植于庭前阶旁及草坪内;北方宜作大型盆栽,布置于庭院屋廊及厅室,殊为美观。

3. 盆栽苏铁安全高效施肥

苏铁在我国北方,多以盆栽,室内越冬。

(1)盆栽营养土配制 采用腐熟的豆饼作基肥,选腐叶土、河沙按 3∶1 比例,或选腐叶土、园土、骨粉、河沙按 4∶3∶1∶2 比例，再加入 0.5% 硫酸亚铁作为营养土。

（2）盆土管理 春季 4 月中下旬进行栽植。栽植时盆底先垫一层瓦砾，然后再依次放入盆土、种植株。新栽植株宜先放置在避风的半阴处，待根系恢复生长时，再移到全天受阳光照射的地方。冬季 11 月上旬或更提前些日子搬入室内。

（3）水分管理 盆栽的苏铁在 4 月下旬搬出室外后，浇 1 次透水，然后可适当控制水分。随着气温升高和新叶开始伸长，再逐渐增加水量。进入夏季后可早、晚各浇 1 次水，保持土壤有充足的水分，并要早晚向叶面喷水，增加湿度，有利其生长。入秋后气温逐渐下降，植株生长也开始缓慢，叶片已趋老熟，此时应该控制水分补给，浇水由每天 1 次改为隔日 1 次，以后可每 3～5 天浇 1 次水。

（4）合理施肥 苏铁对肥料的反应比较缓慢，施肥后不能很快看到效果。所以它在肥力不足的土壤里一样能够生长，但生长速度很慢。为此，应每年追肥 3～4 次，提高土壤肥力，才有利加速其生长。追肥应用经过充分腐熟的饼肥水或人粪尿，肥料中再增加适量硫酸亚铁，可使叶色变深并增加光泽。

盆栽苏铁生长期主要集中在 3～10 月，生长期每月追施 1 次液肥或缓释肥，可用无害化处理过的充分腐熟发酵豆饼或花生饼按 1∶30 兑水浇施，或 8% 花卉水溶肥料（20-10-20）浇施。叶面喷施 600～800 倍含腐殖酸水溶肥料或 600～800 倍含氨基酸水溶肥料或 600 倍高活性有机酸叶面肥，配施 0.2% 尿素叶面肥 1 次。每年向盆土中追施 2 次硫酸亚铁 20 克，分成对称两点施入。秋末叶面喷施 0.2% 磷酸二氢钾液 1～2 次，以增强植株抗寒能力。

八、棕竹

棕竹（图 2-28）别名为棕榈竹、观音竹、筋头竹、矮棕竹，原产于我国华南和西南东部的山林中，现我国各省多有栽培。

1. 生长习性

棕竹为棕榈科棕竹属丛生灌木，性喜温暖、湿润，不耐寒，喜阴，怕阳光暴晒。怕干风，极不耐旱，较耐水湿。以腐殖质丰富的

图 2-28　棕竹

酸性土壤为好。不耐瘠薄和盐碱，在僵硬板结的土壤中无法生长。

2.观赏应用

棕竹丛生挺拔，枝叶繁茂，姿态潇洒，叶形秀丽，四季青翠，似竹非竹，美观清雅，富有热带风光，为目前家庭栽培最广泛的室内观叶类植物。南部地区可丛植于庭院内大树下或假山旁，构成一幅热带山林的自然景观；北方地区可盆栽，大丛林可摆放在会议室、宾馆门口两侧，颇为雅致。如果家里客厅摆放高低错落有致、疏密协调的浅盆棕竹盆景，旁边再配几块山石，更显得玲珑秀丽。

3.盆栽棕竹安全高效施肥

（1）盆栽营养土配制　常用营养土是园土5份、厩肥土3份、腐叶土1份、砻糠灰1份混合配制而成；也可用腐叶土4份、泥炭土3份、河沙或珍珠岩2份、腐熟厩肥1份混合配制而成。

（2）盆土管理　棕竹为典型的室内观叶类花卉，它们没有宽阔的冠幅，株丛呈紧凑的椭圆形至卵圆形，大型植株也不要栽入木桶。由于根系的耐湿性比较强，长期在室内陈设时，盆壁不会被阳光晒烫，为了提高装饰效果，可直接栽入造型优美的瓷盆中。栽培时应使用酸性腐殖培养土，2年翻盆换土1次。

夏季应加强通风并防暑降温，如果室内闷热，最好移到室外大树下或荫棚内养护；冬季应放在供暖充足的室内或移入中温温室越冬，盆土应间干间湿，最好能多见些阳光。

（3）常年肥水管理　在生长旺季应经常保持盆土湿润，每10～15天追施1次酸性液肥，以麻酱渣水为最好，可用无害化处理过的充分腐熟麻酱渣按1∶30兑水浇施。春季应经常向叶面喷水来提高空气湿度。

春夏季节可叶面喷施600～800倍含腐殖酸水溶肥料或600～800倍含氨基酸水溶肥料或600倍高活性有机酸叶面肥，配施0.2%的尿素叶面肥1次。如果叶片发黄，可浇灌或喷施0.2%硫酸亚铁水溶液，并随时剪掉茎干中间的枯黄老叶。

第三章

观果及多肉类花卉安全高效施肥技术

观果类花卉主要有金橘、石榴、枸杞等木本观果花卉和乳茄、彩椒、飞碟瓜、观赏南瓜、火龙果等草本观果花卉。也有的将观果类花卉分为金橘、代代橘等常绿观果花卉和山楂、枸杞等落叶观果花卉。常见栽培的多肉类花卉包括仙人掌科、番杏科、大戟科、景天科、百合科、萝藦科、龙舌兰科和菊科植物。

❈❧ 第一节 ❧❈
常绿木本观果类花卉安全高效施肥技术

一、金橘

金橘又名金枣、金柑、牛奶金柑、羊奶橘等，原产于我国长江中下游地区，目前我国各地多有栽培。

1.生长习性

金橘（图 3-1）为芸香科金橘属常绿灌木。金橘喜阳光，喜温暖、湿润环境，较耐寒，适生于肥沃、疏松且略带酸性、排水良好的黏质土壤中，pH 值 5.5～6.0 为佳。

图 3-1　金橘

2. 观赏应用

金橘果形如桂圆，淡黄闪烁，成熟时节橘果挂满枝头，分外诱人，配以碧绿叶片，很有观赏价值。南方多地植，北方多盆栽观赏。

3. 盆栽金橘安全高效施肥

（1）盆栽营养土配制　一般制作盆土时选用 2/3 的菜园土和 1/3 的经过腐熟的厩肥充分拌匀，并加入少量河沙配制而成；也可用 50% 泥炭土、25% 新鲜谷壳、25% 河沙混合而成。

（2）盆土管理　可选用陶盆、釉盆、塑料盆等，盆口直径 20～40 厘米，随着植株的增大，注意及时换大盆。上盆时间以秋季和早春为佳。为保证今后盆内营养土的良好渗水性，不会因盆内积水而造成烂根，必须保证盆底洞孔的通透性，应在盆底洞孔处放碎瓦片等粗粒物料，然后在上面铺放一层营养土，再将金橘苗根系舒展开放于营养土上，最后将营养土均匀地填入把根须覆盖，填入营养土时，要将营养土适当压实，不要让里面产生空隙。营养土填完后要浇一次透水。

（3）肥水管理　5 月初，植株开始萌叶抽枝时，宜每隔 10～12 天追施 1 次稀薄肥液，可用无害化处理过的充分腐熟发酵的豆饼或花生饼按 1∶（20～30）兑水浇施，或 8%～10% 水溶肥料（20-20-20）浇施，开始稀，以后逐渐增浓。

至 6 月上旬花叶繁茂时，肥水消耗量大，即应勤施肥浇水，每盆施腐殖酸涂层缓释肥（15-10-15）0.1～0.2 千克、腐殖酸型过磷酸钙 0.1～0.2 千克，也可叶面喷施 0.2%～0.3% 磷酸二氢钾液肥，并对植株进行摘心，以集中营养促花保果。

7～8 月间秋花前要施足肥料，每盆施氮磷钾复合肥（5-20-26）0.2～0.3 千克，也可叶面喷施 0.2%～0.3% 磷酸二氢钾液肥，增加坐果率。

在盛花时，肥水宜稍减，待果长成珠子大小时，可叶面喷施 600～800 倍含腐植酸水溶肥料或 600～800 倍含氨基酸水溶肥料或 600 倍高活性有机酸叶面肥，配施 0.2% 磷酸二氢钾水溶液。

开花坐果初期不要施肥，以免烧坏植株，等展叶及幼果长到黄豆粒大时再适当增施。为延长金橘的观赏期，可用1%蔗糖、0.5%尿素混合液喷布金橘叶片，目的是增加植株营养、补充树体消耗。

果实采摘后应及时补充速效性氮肥，每株可施增效尿素50～100克，或浇施10%水溶肥料（14-0-14）。若植株生长不旺，还应根外追肥，分期喷施0.1%尿素或过磷酸钙。10月底，停止施肥，防止再抽嫩梢。

金橘从开花到结幼果，需消耗大量养分。如果不能保证花果对营养的需要，就会发生落花落果现象，严重时果实所剩无几。因此，每年春季出房时，要翻盆换土，施足基肥，每株可施生物有机肥0.5～1千克，或商品有机肥1～1.5千克，或无害化处理过的腐熟猪圈粪10～15千克，或无害化处理过的腐熟牛圈粪10～15千克，或无害化处理过的腐熟堆肥15～20千克，或无害化处理过的腐熟鸡粪0.5～1千克，或无害化处理过的腐熟饼肥0.5～1千克，并配施腐殖酸型过磷酸钙1～1.5千克。

二、佛手

佛手别名佛手柑、五指柑、五指橘、飞穰、蜜罗柑、五指香橼，原产于中国及印度等地，现我国各地多有栽培。

1. 生长习性

佛手（图3-2）为芸香科柑橘属常绿乔木。佛手性喜温暖、湿润环境，喜阳光，怕干燥、寒冷、霜冻，宜植于疏松肥沃、排水良好的酸性砂质土壤中。

2. 观赏应用

佛手叶色青翠，花洁白、香气扑鼻，并且一簇一簇地开放，十分惹人喜爱。到了果实成熟期，可见伸指形、握拳形、拳指形、手中套手形果实，状如人手，惟妙惟肖。成熟的佛手颜色金黄，并能时时散发出芳香，消除异味，净化室内空气，抑制细菌生长。佛手挂果时间长，有3～4个月之久，甚至更长，其花朵可供长期观赏，是名贵的观果花木，多作盆栽观赏。

图 3-2　佛手

3.盆栽佛手安全高效施肥

（1）盆栽营养土配制　盆栽佛手通用营养土配方为：6 份腐殖土、3 份河沙、1 份泥炭土或炉灰渣等混合配制。

（2）盆土管理　上盆后要浇透定根水，以后见干浇水，并放在阴凉处养护过渡，10 天后转移到全光照条件下进行正常管理。佛手扦插苗 5 年、嫁接苗 3 年开花结果。开花后浇水要适当，切勿过湿、过干。花谢后，小果有玉米粒大时，将新生的叶芽全部抹掉，并要疏花，以保已有果正常结实。佛手有明显的隔年结果的现象，即俗称的"大小年"。若要避"小年"，可在"小年"早春进行强度修剪，将 2 年生枝条剪留 1～2 节，同时加强肥水管理。佛手畏严寒，霜冻前要移入室内，温度不低于 4℃ 即可越冬。立春前后，注意开窗通风，谷雨前可出房。一般 2～3 年换盆一次。

（3）栽植 1～2 年施肥管理　佛手栽植当年不再施肥。翌年春天每隔 15～20 天追施 1 次发酵的稀薄饼液肥，可用无害化处理过的充分腐熟发酵的豆饼或花生饼按 1∶50 兑水浇施，2～3 次为宜。8 月下旬，再追施 1 次腐熟有机肥，每株可施生物有机肥 0.1 千克，或商品有机肥 0.2 千克，或无害化处理过的腐熟猪圈粪 0.5 千克，或无害化处理过的腐熟牛圈粪 0.5 千克，或无害化处理过的腐熟堆肥 1 千克，或无害化处理过的腐熟饼肥 0.3 千克。

（4）常年施肥管理　佛手适宜盆栽，第三年开始结果，但不易结果，为了提高结果率，应在管理上采取合理施肥措施。

春季出房前换盆，施足基肥，每株可施生物有机肥 0.1～0.2 千克，或商品有机肥 0.2～0.3 千克，或无害化处理过的腐熟猪圈粪 0.5～0.7 千克，或无害化处理过的腐熟牛圈粪 0.5～0.7 千克，或无害化处理过的腐熟堆肥 0.6～0.8 千克，或无害化处理过的腐熟鸡粪 0.2～0.3 千克，或无害化处理过的腐熟饼肥 0.1～0.2 千克，并配施腐殖酸型过磷酸钙 10～15 克，以补充上年结果后的养分消耗。

春分至芒种期间，每隔 5～7 天施 1 次稀薄肥水，可用无害化处理过的充分腐熟发酵的豆饼或花生饼按 1：（20～30）兑水浇施，或 8%～10% 水溶肥料（20-20-20）浇施；同时每隔 10 天左右叶面喷施 600～800 倍含腐殖酸水溶肥料或 600～800 倍含氨基酸水溶肥料或 600 倍高活性有机酸叶面肥，配施 0.2% 磷酸二氢钾水溶液，以促进春梢生长。

芒种至大暑期间，应加大用肥量，每隔 3～5 天施 1 次 30%～40% 发酵过的混合饼液肥，以满足植株开花和结果需要的养分。

结果时期，忌施氮肥，大暑至秋分期间，是果实膨大充实阶段，应选用低氮、高磷、高钾复合肥料，以防止推迟成熟。每盆施氮磷钾复合肥（5-20-26）0.2～0.3 千克，或腐殖酸型过磷酸钙 0.3～0.5 千克和大粒钾肥 0.1 千克，也可叶面喷施 800 倍活力钙叶面肥、0.2%～0.3% 磷酸二氢钾液肥。

果实成熟后放置室内观赏前，应浇施 1 次发酵的稀薄饼液肥。可用无害化处理过的充分腐熟发酵的豆饼或花生饼按 1：50 兑水浇施。

三、代代橘

代代橘又名回青橙，是酸橙的一个变种，原产于我国浙江一带，现华北及长江流域中下游各地多盆栽。

1. 生长习性

代代橘（图3-3）为芸香科柑橘属常绿灌木。代代橘性喜温暖、湿润环境，喜光照，喜肥，稍耐寒，对土壤要求不是很严，在排水良好、肥沃疏松、富含有机质的微酸性砂壤土中生长、开花、结果最好。

图3-3 代代橘

2. 观赏应用

代代橘果实宿存在植株上，通常两三年不落，隔年花果同存，代代相传，因而得名"代代橘"。当年果实冬天为橙红色，到了第二年夏季，又转变为青绿色，所以又有"回青橙"之称。代代橘枝叶常绿，春、夏两季花白如雪，芬芳扑鼻，花落后结果。寒冬腊月、百花凋零之时，将代代橘摆放于案头，绿叶丛中，透出点点橙红色扁球形果实，生机盎然，美观别致。一般代代橘只作盆栽。

3. 盆栽代代橘安全高效施肥

（1）盆栽营养土配制 代代橘要求排水良好、微酸性的砂壤土或壤土。培养土可用纯沙2份、园土3份、干马粪1份、腐殖土2份、干青苔2份混合而成；也可用山泥5份、腐殖土2份、干青苔

1 份、纯沙 1 份充分混合而成。

（2）盆土管理　代代橘上盆于 3～4 月进行。初次上盆可用 40 厘米口径的盆，以后每隔 1～2 年换盆 1 次，3～4 年后只换土，不换盆。在 4 月换盆换土为宜。将代代橘从盆中带土拔出后去除根际、部分根系及少量盆土等，然后将代代橘放入盆中加足营养土，轻轻压实后再浇一次透水。

春、秋干旱季节盆土易干，一般 1～2 天淋一次水；夏季天气炎热，每天浇 1～2 次水；冬季在盆土干燥后再浇水。生长期雨水过多要将盆倾斜放，以利排水。

（3）施肥管理　代代橘春季萌芽后每隔 10 天左右施肥 1 次，主要施豆饼、菜籽饼等沤制发酵的有机肥液，可用无害化处理过的充分腐熟发酵的豆饼或花生饼按 1∶（20～30）兑水浇施，或 8%～10% 水溶肥料（20-20-20）浇施。

花前可以施 1～2 次 600～800 倍含腐殖酸水溶肥料，或 600～800 倍含氨基酸水溶肥料，或 600 倍高活性有机酸叶面肥，同时配施 0.2% 尿素溶液，促进枝叶生长与开花坐果。

6～7 月份可每隔 15 天喷施 1 次 800 倍活力钙叶面肥、0.2%～0.3% 磷酸二氢钾液肥。夏季每隔 15 天浇 2 次 0.1% 硫酸亚铁溶液提高盆土酸度，促进叶色浓绿。

生长后期可施 1 次 3%～5% 水溶肥料（20-20-20）。此外，在幼果膨大时，约 10 天喷施 1 次 600～800 倍含腐殖酸水溶肥料，或 600～800 倍含氨基酸水溶肥料，或 600 倍高活性有机酸叶面肥，看长势需要可以喷至 9 月份。10 月份以后停止追肥。

四、火棘

火棘别名火把果、救军粮、红子刺、吉祥果，原产于欧洲南部，现我国各地均有栽培。

1. 生长习性

火棘（图 3-4）为蔷薇科火棘属常绿灌木。火棘喜强光，耐贫瘠，抗干旱，不耐寒。黄河以南多露地种植，华北需盆栽，放置塑料棚或低温温室越冬。对土壤要求不严，而以排水良好、湿润、疏松的中性或微酸性壤土为好。

图 3-4　火棘

2.观赏应用

火棘梨果近圆形，深红色。树形优美，夏有繁花，秋有红果，果实存留枝头甚久，在庭院中作绿篱以及园林造景材料，在路边可以用作绿篱，美化、绿化环境。火棘具有良好的滤尘效果，对二氧化硫有很强的吸收和抵抗能力。火棘也可盆植，是一种极好的春季看花、冬季观果植物。

3.地栽火棘安全高效施肥

（1）栽植基肥　一般在冬前挖好穴，翌年早春向穴内回填时，每穴施入生物有机肥 2～3 千克或无害化处理过的腐熟有机肥 20～30 千克，并加施腐殖酸型过磷酸钙 0.5 千克，做到肥土混匀后回填，填平后连续灌水 1 次，使土壤沉实、湿润。

（2）常年施肥管理　每年生长旺季应每月施一次腐熟的稀薄饼肥水，可用无害化处理过的充分腐熟发酵的豆饼或花生饼按 1∶（30～50）兑水浇施，或 0.1%～0.2% 水溶肥料（20-20-20）浇施。开花前增施 1～2 次磷、钾肥，每次每株施腐殖酸型过磷酸钙 0.2～0.3 千克、大粒钾肥 0.1～0.2 千克。

每年冬初在根际周围开沟施入有机肥作基肥，每株可施生物有机肥 1～2 千克，或无害化处理过的腐熟猪圈粪 15～20 千克，或无害化处理过的腐熟牛圈粪 15～10 千克，或无害化处理过的腐熟鸡粪 2～3 千克，或无害化处理过的腐熟饼肥 1～2 千克。

五、香橼

香橼又称枸橼、香泡树，原产于我国南部及印度，盛栽于我国南方各省。

1.生长习性

香橼（图 3-5）为芸香科柑橘属常绿灌木或小乔木。香橼喜温暖、湿润气候，怕严霜，不耐严寒，以土层深厚、疏松肥沃、富含腐殖质、排水良好的砂壤土栽培为宜。

图 3-5　香橼

2.观赏应用

香橼果实为卵状，淡黄色，先端有乳头状突起，不可食。成熟时满枝累叠，撒金流香，甚是招人喜爱，是冬季重要的观果植物之一。香橼多作盆栽观赏，也可地栽。

3.盆栽香橼安全高效施肥

（1）盆栽营养土配制　一般多以肥沃的壤土及细砂各半，或壤土、细砂、腐叶土各1份的比例配制培养土。

（2）盆土管理　香橼耐寒，华北地区可盆栽，霜前入室。越冬室温不宜过高，以4～5℃为宜。应将盆株放在阳光照射处。盆土不宜过湿，可每隔3～5天浇水1次。越冬呈半休眠状态，不必施肥，应经常检查，遇有病虫害发生，要及时除治。立夏前后出室换盆，"大小年"明显的植株也可在"大年"的第二年春天换盆。换盆时施足基肥，切勿伤根。

（3）肥水管理　自立夏至雨季前进入香橼的开花结果期，此期间是养护管理的关键时期，必须做好肥水管理。

追肥宜勤，每周施用1次稀薄腐熟的液肥，每次可用充分腐熟的鸡粪、发酵豆饼或花生饼按1∶50兑水浇施，或5%腐熟人粪尿稀粪水浇施。至雨季到来前停施。雨季施肥，果实易生锈斑。雨季过后至果实变色期间，可再施液肥2～3次，施肥量同前。

要使香橼连年结果，必须加强肥水管理。在整个管理过程中，盆土要保持40%～50%的水分。应该春施有机肥，即在盆边挖6厘米左右深的环状沟，施上一层腐熟发酵的厩肥，每盆可施生物有机肥0.1～0.2千克，或商品有机肥0.2～0.5千克，或无害化处理过的腐熟猪圈粪0.5～0.7千克，或无害化处理过的腐熟牛圈粪0.5～0.7千克，或无害化处理过的腐熟堆肥0.6～0.8千克，或无害化处理过的腐熟鸡粪0.2～0.3千克，或无害化处理过的腐熟饼肥0.1～0.2千克。

夏追速效肥，即在5～8月香橼生长旺盛期，每隔20天左右喷1次400～600倍的磷酸二氢钾液或3%过磷酸钙液，坐果后要喷800～1000倍液的硼砂，以保果增大。

❀❀ 第二节 ❀❀

落叶木本观果类花卉安全高效施肥技术

一、石榴

石榴又名安石榴、丹若、若榴、金罂、金庞、涂林、天浆，原产于巴尔干半岛至伊朗及其邻近地区，现我国各地均有栽培。

1. 生长习性

石榴（图 3-6）为石榴科石榴属落叶灌木或小乔木。石榴喜温暖向阳的环境，耐旱、耐寒，也耐瘠薄，不耐涝和荫蔽，对土壤要求不严，但以向阳、肥沃、排水良好的夹沙土栽培为宜。

图 3-6 石榴

2. 观赏应用

石榴花色有大红、粉红、黄、白色等，浆果球形。树姿优美，枝叶秀丽，初春嫩叶抽绿，婀娜多姿；盛夏繁花似锦，色彩鲜艳；秋季累果悬挂。中国传统文化视石榴为吉祥物，视它为多子多福的象征。石榴适宜孤植或丛植于庭院、游园之角，对植于门庭之出处，或列植于小道、溪流、坡地、建筑物之旁，也宜做成各种桩景和瓶插花观赏。

3. 地栽石榴安全高效施肥

（1）秋施基肥 石榴树施基肥一般在秋季果实采收后立即进行。在株施生物有机肥 5～7 千克或无害化处理过的腐熟有机肥 20～30 千克基础上，再配施含促生真菌生物复混肥（20-0-10）0.5～1.0千克、腐殖酸型过磷酸钙0.5～1.0千克，或腐殖酸高效复混肥（15-5-20）0.5～1.0千克，或腐殖酸长效缓释肥（15-20-10）0.5～0.8千克，或增效尿素0.2～0.3千克、腐殖酸型过磷酸钙0.5～1.0千克、大粒钾肥0.1～0.2千克。可采用环状沟施或放射状施肥方法。

（2）根际追肥　石榴树主要追施花后肥、果实膨大肥。

①　花后肥　一般在落花后坐果期施用，一般成年树株施石榴树有机型专用肥0.4～0.6千克，或腐殖酸高效复混肥（15-5-20）0.3～0.5千克，或腐殖酸长效缓释肥（15-20-10）0.2～0.4千克。如果催芽肥追肥量大，花后肥也可不施。

②　果实膨大肥　此期追肥要注意氮、磷、钾肥配合施用。一般成年树株施石榴树有机型专用肥1.0～1.5千克，或腐殖酸高效复混肥（15-5-20）0.8～1.2千克，或腐殖酸长效缓释肥（15-20-10）0.6～0.8千克，或增效尿素0.3～0.5千克、增效磷酸铵0.5～0.7千克、大粒钾肥0.3～0.5千克。

（3）根外追肥　石榴树生长不同时期对营养需求的种类也有所不同，主要在春季萌发后至开花期、果实膨大期等时期叶面喷施。春季萌发后至开花期，叶面喷施500～1000倍含腐殖酸水溶肥料或500～1000倍含氨基酸水溶肥料、800倍氨基酸螯合锌水溶肥；果实膨大期，叶面喷施500～1000倍含氨基酸水溶肥料、1500倍活力钾叶面肥、1500倍活力钙叶面肥。

4. 盆栽石榴安全高效施肥

（1）盆栽营养土配制　盆栽营养土可用园土、炉灰、腐熟饼肥与砂按6∶2∶2∶2配合而成，或可按园田表土3份、腐叶土3份、厩肥2份、细砂2份混匀即可，或者按马粪、园土、细砂各1/3的比例混合配成，堆成堆用塑料薄膜盖严，高温杀菌15～20天，过筛后装盆。

（2）盆土管理　石榴上盆的植株以2～3年生苗木为好，要求生长健壮，皮色光亮，根系发达，有长20厘米的侧根4条以上，无病虫害。上盆时用长方形中深的紫砂盆或深圆盆，并注意盆色与枝干、花果颜色相协调。在落叶后、发芽前带土团挖起，剪去过长的根与枝。盆底放一层炉渣或碎瓦片以防积水，上放骨粉、蹄角片作基肥，根据造型进行直栽或斜栽，栽后压实、浇透水，第二天再浇一次水，使土与根系密接，放在向阳处养护。

（3）水分管理　石榴喜干怕涝，在发芽前要浇一次透水，过2～3天再浇一次，使发芽整齐，新梢生长迅速。在开花到果实转色期，是水分的临界期，既不能干又不能涝，如太干会造成落花，如太湿会因水大顶掉幼果，要保持湿润状态，即盆土表面发干时，可适当浇些水，不能干透浇透。在7～9月花芽分化时可扣水，促使花芽形成。石榴头批花开花时正值贮藏营养转换期、叶片转色期，大部分营养被新生芽消耗掉。而石榴喜阳喜高温，所以在发芽后盆栽石榴宜放在背风向阳全日照处养护，同时疏去部分钟状花，以确保头批花多坐果。对观花品种，一般不要疏花、疏果；对观果品种应根据树龄与植株大小适当留果，一般以4～10个为宜。

（4）施肥管理　石榴开花挂果期长，除结合换盆施入腐熟厩肥或饼肥，每株可施生物有机肥0.1～0.2千克，或无害化处理过的腐熟猪圈粪0.3～0.5千克，或无害化处理过的腐熟牛圈粪0.3～0.5千克，或无害化处理过的腐熟鸡粪0.1～0.2千克，或无害化处理过的腐熟饼肥0.1～0.15千克，并配施腐殖酸型过磷酸钙0.3～0.5千克。

春季展叶、夏季孕蕾开花、结果期分别追施1～2次稀薄饼肥水，可用无害化处理过的充分腐熟发酵的豆饼或花生饼按1:（20～30）兑水浇施，或8%～10%水溶肥料（20-20-20）浇施。在采果前叶面喷施500～1000倍含腐殖酸水溶肥料或500～1000倍含氨基酸水溶肥料，配施0.1%磷酸二氢钾、0.3%尿素溶液，以促果膨大，增加色泽和含糖量。

二、无花果

无花果别名阿驵、阿驿、映日果、优昙钵、蜜果、文仙果、奶浆果、品仙果，原产于地中海沿岸，现我国南北各地均有栽培。

1. 生长习性

无花果（图 3-7）为桑科榕属落叶灌木或小乔木。无花果喜温暖湿润气候，耐瘠，抗旱，不耐寒，不耐涝，以向阳、土层深厚、疏松肥沃、排水良好的砂质壤土或黏质壤土栽培为宜。

图 3-7　无花果

2. 观赏应用

无花果树势优雅，是庭院、公园的观赏树木，其叶片大，呈掌状裂，叶面粗糙，果实紫红色，具有良好的吸尘效果，如与其他植物配置在一起，还可以形成良好的防噪声屏障。无花果树能抵抗一般植物不能忍受的有毒气体和大气污染，是化工污染区绿化的好树种。此外，无花果适应性强，抗风、耐旱、耐盐碱，在干旱的沙荒地区栽植，可以起到防风固沙、绿化荒滩地作用。

3. 盆栽无花果安全高效施肥

（1）盆栽营养土配制　无花果营养土配制，可按泥炭土或腐叶土 5 份、蛭石 3 份、腐熟厩肥或鸡粪 1 份、骨粉 1 份混合配制；也可按泥炭土或腐叶土 4 份、园土或堆肥 3 份、粗砂或过筛的细炉渣 2 份、骨粉 1 份混合配制。

（2）盆土管理　将经过消毒的培养土装到盆里。选根系发达、芽眼饱满、无病虫害的 1 年生壮苗，上盆前要进行适当修剪、定干,对根系剪去干枯根过长时,留 15 厘米左右短截。用碎盆片将盆底的排水孔垫好,以利于透水透气、不流失盆土;在盆底放入少量河沙,以便排水,再放入适量的塘泥作长效基肥。植时要使其根系自然舒展,同时要用手轻轻压实盆土,浇透定根水。植后将盆放在上午能有太阳光照到的地方,要注意保持盆土湿润,这样有利于枝叶的萌发。

(3)肥水管理 秋后结合换盆施入腐熟厩肥或饼肥,每株可施生物有机肥 0.1~0.2 千克,或无害化处理过的腐熟猪圈粪 0.3~0.5 千克,或无害化处理过的腐熟牛圈粪 0.3~0.5 千克,或无害化处理过的腐熟鸡粪 0.1~0.2 千克,或无害化处理过的腐熟饼肥 0.1~0.15 千克,并配施腐殖酸型过磷酸钙 0.3~0.5 千克。

早春新梢生长、果实迅速生长期间分别追施 1~2 次稀薄饼肥水,可用无害化处理过的充分腐熟发酵的豆饼或花生饼按 1:(20~30)兑水浇施,或 8%~10% 水溶肥料(20-20-20)浇施。

(4)叶面喷肥 4~5 月,叶面喷施 500~1000 倍含腐殖酸水溶肥料或 500~1000 倍含氨基酸水溶肥料;6 月中旬,叶面喷施 500~1000 倍含腐殖酸水溶肥料、1500 倍活力硼叶面肥、1500 倍活力钙叶面肥;10 月下旬,叶面喷施 500~1000 倍含腐殖酸水溶肥料或 500~1000 倍或含氨基酸水溶肥料、500~1000 倍大量元素水溶肥料。

三、文冠果

文冠果,又名文灯果、文官果、温旦革子,原产于我国北方黄土高原地区,现全国大多数省(区、市)均有栽培。

1. 生长习性

文冠果(图 3-8)为无患子科文冠果属落叶灌木或小乔木,是我国特产的珍贵观赏花木。文冠果喜阳,耐半阴,耐瘠薄,耐盐碱,抗寒能力强,抗旱能力极强,不耐涝,怕风,在排水不好的低洼地区、重盐碱地和未固定沙地不宜栽植,宜生长在肥沃、排水良好的土壤上,一般土壤均能生长良好。

图 3-8　文冠果

2. 观赏应用

文冠果是优质蜜源植物和高雅的观赏植物，且叶枝均匀，绿叶光洁，树质坚硬，纹理美观，株形优美，白花满树，花朵芳香，花期长达 30 天以上。花落结实，未熟时皮表如未熟之桃，8 月末果实成熟后为鲜黄色。文冠果作为庭院观赏植物、大中型盆景植物，具有瘦、拙、艳、香的特点，且可人工控制树形，创造各种奇景，具有很高的观赏价值。文冠果可于公园、庭园、绿地孤植或群植。

3. 地栽文冠果安全高效施肥

（1）栽植基肥　春、秋两季均可定植，春栽在土壤解冻后萌芽前，秋栽在苗木落叶后上冻前，园林栽植宜挖长、宽、深各 60～80 厘米的穴，每株施无害化处理过的腐熟猪圈粪 10～15 千克，或无害化处理过的腐熟牛圈粪 10～15 千克，或无害化处理过的腐熟堆肥 15～20 千克，或无害化处理过的腐熟鸡粪 0.5～1 千克，或无害化处理过的腐熟饼肥 0.5～1 千克，并配施腐殖酸型过磷酸钙 1～1.5 千克。

（2）常年肥水管理　文冠果栽培管理比较粗放，地栽全年浇水 2～3 次、施肥 2 次即可。一般 5～6 月浇 1 次水并结合施肥，每株施腐殖酸长效缓释肥（15-20-10）1～2 千克，或增效尿素 0.3～0.5 千克、腐殖酸型过磷酸钙 1～2 千克。6～7 月浇 1 次水，10～11 月浇 1 次冻水。浇冻水前，可在树周围挖沟施入有机肥，每株施无害化处理过的腐熟猪圈粪 15～20 千克，或无害化处理过的腐熟牛圈粪 15～20 千克，或无害化处理过的腐熟堆肥 20～30 千克。

文冠果幼树，通过修剪可控制新梢生长，使树冠内部通风透光，增加结果量。

四、银杏

银杏又名白果、公孙树、鸭脚树、蒲扇，原产于我国，为我国特有的植物，被誉为植物界的"活化石"。全国各地均有栽培。

1. 生长习性

银杏（图 3-9）为银杏科银杏属落叶乔木。银杏为喜光树种，深根性，对气候、土壤的适应性较宽，能在高温多雨及雨量稀少、冬季寒冷的地区生长，但生长缓慢或不良；能生长于酸性土壤、石灰性土壤及中性土壤上，但不耐盐碱土及过湿的土壤。

图 3-9 银杏

2. 观赏应用

银杏树高大挺拔，叶形似扇；冠大荫浓，具有降温作用。果常为椭圆形、长倒卵形、卵圆形或近圆球形，熟时黄色或橙黄色。银杏树寿命绵长，无病虫害，不污染环境，树干光洁，是著名的无公害树种，有利于银杏的繁殖和美化风景。银杏树体高大，树干通直，姿态优美，春夏翠绿，深秋金黄，是可用于园林绿化、行道、公路、田间林网、防风林带的理想栽培树种。

3.地栽银杏安全高效施肥

（1）栽植基肥　一般在冬前挖好穴，翌年早春向穴内回填时，每穴施入生物有机肥5～10千克或无害化处理过的有机肥30～50千克，并加施腐殖酸型过磷酸钙0.5千克，做到肥土混匀后回填，填平后连续灌水2次，使土壤沉实、湿润。

（2）扩穴改土　栽植后1～2年只要保持土壤湿润、疏松，适时适量浇水，树盘内覆草，树盘外套种绿肥，秋季结合深翻扩穴翻压绿肥，一般不再施基肥。从定植第2年开始，连续3次扩穴改土。

（3）常年施肥管理　一般一年追肥2次。5月中旬，每株施含促生真菌生物复混肥（20-0-10）1～1.5千克，或腐殖酸涂层长效肥（18-10-17）0.5～1千克，或增效尿素0.3～0.5千克、腐殖酸型过磷酸钙1千克、大粒钾肥0.2～0.3千克。8月下旬至9月上旬，每株施含促生真菌生物复混肥（20-0-10）1～1.5千克，或腐殖酸涂层长效肥（18-10-17）0.5～1千克，或增效尿素0.3～0.5千克、腐殖酸型过磷酸钙1千克、大粒钾肥0.2～0.3千克。

五、山楂

山楂又名山里果、山里红、酸里红、红果、山林果，原产于我国北部，黑龙江、吉林、辽宁、内蒙古、河北、河南、山东、山西、陕西、江苏等省（区）栽培较多。

1.生长习性

山楂（图3-10）为蔷薇科山楂属落叶乔木。山楂喜阳光、温暖、湿润环境，耐寒、耐旱，对土壤要求不严格，宜在富含有机质、高燥通风、排水良好的砂质土壤中生长。

图 3-10　山楂

2.观赏应用

山楂叶枝繁茂、叶色亮绿，果艳形美，梨果近球形，深红色，观之诱人，可植于公园、庭院或盆栽观赏。山楂适应性强，全国各地均有分布，在山区、平原、沙丘、荒地均可栽植。城镇居民可在院内、阳台盆栽。

3.盆栽山楂安全高效施肥

盆栽山楂2年开花，3年结果，5年丰产。山楂为深根性树种，主根很深，侧根也很发达。盆栽时主根可剪断一部分，长度以略短于盆深为宜，侧根以接近盆边为宜。

（1）盆栽营养土配制　培养土选用肥沃的熟土，以腐叶土5份、菜园土3份、沙土2份混合配制为好。

（2）盆土管理　盆、篓、桶、箱均可选用。因山楂主根发达，选用容器规格应适当加大。口径应大于30厘米，深35厘米以上，以满足山楂生长的需要。早春选侧芽饱满、根系完整、无病虫害的壮苗。盆底排水孔垫碎瓦片，装少半盆土，压实，内入3～5块蹄角片作基肥，将山楂苗立于中心扶正，根要舒展，分层填土、捣实，浇透水，遮阴几天转入正常管理。

山楂枝叶每年有两次生长，第一次在春季，第二次在夏季，对两次生长的芽要摘心，防止徒长。霜降后，将盆株移至背风向阳处，经一两次霜冻后叶色逐渐转为红紫色，此时可营造"霜叶红于二月花"的景观。山楂耐寒，越冬可将盆株放置在背风向阳的走廊或窗台上，停止施肥，节制浇水，使盆土偏干即可。

（3）合理施肥　在生长期内追肥以氮素肥料为主，结果期配合磷、钾肥，原则是"薄肥勤施"。

4月上旬、6月中旬，每次可用无害化处理过的充分腐熟发酵的豆饼或花生饼按 1∶30 兑水浇施，或叶面喷施 500～1000 倍含腐殖酸水溶肥料或 500～1000 倍或含氨基酸水溶肥料，同时喷施 0.2%～0.3%的尿素溶液。

8月下旬为防落花落果和促进叶、果生长，应适当喷施 500～1000 倍含腐殖酸水溶肥料或 500～1000 倍含氨基酸水溶肥料、0.3%～0.5%的磷酸二氢钾溶液，可达高产、稳产的目的。

第三节

草本观果类花卉安全高效施肥技术

一、观赏辣椒

观赏辣椒种类很多，主要有五色椒、七彩椒、朝天椒、佛手椒和樱桃椒，原产于美洲热带地区，现我国各地均有栽培。

1. 生长习性

观赏辣椒（图 3-11）为茄科辣椒属草本植物，喜阳光充足、温暖的环境，怕霜冻，忌高温，喜湿润、肥沃的土壤，耐肥，不耐寒，能自播。

2. 观赏应用

观赏辣椒浆果直立、斜垂或下垂，幼果绿色，熟后红色、黄色或带紫色。果形有线形、羊角形、樱桃形、风铃形、蛇形、枣形、指天形、灯笼形、火箭形等。而且观赏辣椒也可食用，将其栽植于

图 3-11 观赏辣椒

花盆中，放置于室内见光处，无疑是上好的观赏植物。

3.盆栽观赏辣椒安全高效施肥

（1）盆栽营养土配制 可以用菜园土 7 份、腐熟有机肥 2 份、沙土 1 份混合配制；也可用 6 份蔗渣加 4 份煤渣（体积比）混合配制。

（2）盆土管理 作为观赏用的辣椒通常采用槽式基质栽培或盆栽，槽式基质栽培是利用红砖砌成简易栽培槽，槽底部铺有薄膜，把槽内基质与土壤隔开，槽宽 74～125 厘米，双行植，定植株行距为（30～50)厘米×(30～50)厘米。盆栽则每盆定植 1 株健壮的苗。

（3）肥水管理 观赏辣椒属喜温、喜肥、喜水作物，但不耐高温和浓肥，最怕水多。

槽式基质栽培定植前要施足基肥。采用基质栽培的可在每立方米混合基质中混入 8～10 千克消毒鸡粪，另加入 1 千克饼肥、3 千克秸秆粉或 1 千克磷酸二氢铵、1.5 千克硫酸钾、1.5 千克硫酸铵。定植 20 天后每隔 15 天左右每株每次施 10 克消毒鸡粪即可，同时每天用清水灌溉，保持基质湿润。

盆栽可在每立方米混合基质中混入 5～6 千克由鸡粪和茶麸（1∶1）组成的配方有机肥作基肥，定植 15 天后用清水浸泡配方有机肥 24 小时后取上清液，稀释成 EC 值为 2.2 毫西门子/厘米、pH 值为 7 左右的有机营养液，每隔 10～15 天淋施 1 次，用量为每株 0.5～1.5 升。

观赏辣椒缓苗后即开始旺盛生长，管理上宜 2～3 天浇 1 次水，保持盆土湿润，但切忌天天浇水，否则观赏辣椒根系易窒息死亡。室内栽培的观赏辣椒，由于光照、空气相对湿度等环境因素的影响，极易落花，为提高坐果率，可于开花期进行人工辅助授粉。每天上午观察已开放的花朵，当花药开裂散粉后，可轻轻震动植株，使花粉落到柱头上；也可用棉签蘸取花粉，轻轻涂抹柱头。授粉后的观赏辣椒坐果率可达 90% 以上。果实坐住后，可薄施复合肥溶液 1～2 次，每次可用无害化处理过的充分腐熟发酵的豆饼或花生饼按 1:（20～30）兑水浇施，或 8%～10% 水溶肥料（20-20-20）浇施，促进果实生长，以利观赏。结果期注意保持盆土湿润，否则果实皱缩无光泽。大部分果实基本成熟后，可将上部茎叶和果实剪掉，继续浇水、追肥，精心养护，如管理得当，观赏辣椒可以再次发生侧枝，开花结果至元旦前后。

（4）叶面喷肥　可在定植后、门椒膨大期和结果中后期等进行。移栽定植缓苗开花期后，叶面喷施 500～600 倍含氨基酸水溶肥料或 500～600 倍含腐殖酸水溶肥料、1500 倍活力硼混合溶液；门椒膨大期，叶面喷施 500～600 倍含氨基酸水溶肥料或 500～600 倍含腐殖酸水溶肥料、1500 倍活力钾混合溶液；结果中后期，叶面喷施 500～600 倍含氨基酸水溶肥料或 500～600 倍含腐殖酸水溶肥料、1500 倍活力钙混合溶液、1500 倍活力钾混合溶液。

二、观赏草莓

草莓又名凤梨草莓、红莓、洋莓、地莓等，原产于南美洲，现我国各地均有栽培。

1. 生长习性

观赏草莓（图 3-12）为蔷薇科草莓属多年生草本植物。观赏草莓喜温暖、湿润环境，不耐寒，好生于疏松、肥沃的土壤。

图 3-12 观赏草莓

2. 观赏应用

观赏草莓为聚合果，球形，鲜红色，肉质，膨大。在暮春季节，碧叶托着红果匍匐于地面，果实外观呈心形，鲜美红嫩，果肉多汁，含有特殊的浓郁水果芳香，是一种既可供食用，又可供观赏的花卉。观赏草莓可布置花坛，也可盆栽。

3. 盆栽观赏草莓安全高效施肥

（1）盆栽营养土配制　可用腐叶土 3 份、堆肥土 2 份、河沙 5 份配制混合土，效果较理想。

（2）盆土管理　北方地区盆栽观赏草莓，可于 11 月初移入室内低温处，保持 2～4℃，使其能够很好地休眠；翌年 3 月出室，置于背风向阳处。为了保证年年结果，每隔 1～2 年要换土 1 次，换土应在休眠期进行。观赏草莓喜光，光照不足易造成植株瘦弱，产量和质量降低。因此，盆株要置于阳光下，城镇居民可置于阳台上，生长期间每 7～10 天转动一次花盆。

（3）肥水管理　观赏草莓根系浅，叶片大，蒸腾作用强烈，耗水多，怕旱，在其花期和果实成熟期不可缺水。浇水要视季节而异：夏季放在阳台上，每天都要浇水；冬季在室内浇水量要减少。

栽植前要施足基肥，每盆在营养土中添加无害化处理过的腐熟猪圈粪 0.2～0.3 千克，或无害化处理过的腐熟牛圈粪 0.2～0.3 千克，或无害化处理过的腐熟堆肥 0.3～0.5 千克，肥土混匀，栽植后浇足水。

从定植至开花期，可用 5‰ 含微量元素高磷配方滴灌肥（15-30-15）10 天冲施 1 次；开花至坐果期，可用 8‰ 微量元素平衡配方滴灌肥（20-20-20）10 天冲施 1 次。

（4）叶面喷肥　开花前，叶面喷施 500～1000 倍含腐殖酸水溶肥料或 500～1000 倍含氨基酸水溶肥料、0.3%～0.5% 的磷酸二氢钾溶液浇施或叶面喷施 3～5 次。开花结果期，叶面喷施 500～1000 倍含腐殖酸水溶肥料或 500～1000 倍含氨基酸水溶肥料、1500 倍活力钙叶面肥、500 倍活力钾叶面肥。

三、观赏南瓜

观赏南瓜属于南瓜的变种，又称磨盘南瓜，原产于亚洲、美洲。现我国各地均有栽培。

1. 生长习性

观赏南瓜（图 3-13）为葫芦科南瓜属蔓生草本植物。观赏南瓜喜光照充足、高温、湿润的环境，对土质要求不高，砂壤土、黏壤土及南方的石灰质土均可种植。

图 3-13　观赏南瓜

2.观赏应用

观赏南瓜色彩艳丽，有白、黄、绿等多种颜色，瓜形小巧美观，有球形、洋梨形、长球形、皇冠形等。其表面奇硬，泛有蜡光。将不同形状和色泽的观赏南瓜拼成瓜篮，再配一些美丽的干花，陈放于室内，令人耳目一新，独具观赏价值。近几年来观赏南瓜成为现代农业示范园中吸引游客的亮点之一，多个不同形状颜色的成熟果实搭配作为装饰品或礼品，高雅怡人；果实还可当玩具供小孩玩耍。观赏南瓜在园区、庭院、居民阳台均可种植。

3.地栽观赏南瓜安全高效施肥

观赏南瓜采用先育苗后移栽的栽培方法。春播 3 月 5～15 日播种，苗龄 35～40 天；夏播 6 月底至 7 月上旬播种，苗龄 25～30 天。

（1）定植前基肥　结合整地撒施或沟施基肥。每亩施生物有机肥 200～300 千克或无害化处理过的有机肥 2000～3000 千克，配施南瓜有机型专用肥 30～40 千克，或腐殖酸型过磷酸钙 15～20 千克和腐殖酸型含促生真菌生物复混肥（20-0-10）30～40 千克，或腐殖酸型过磷酸钙 10～15 千克和腐殖酸高效缓释肥（15-5-20）20～30 千克，或腐殖酸包裹尿素 10～12 千克＋腐殖酸型过磷酸钙 20～30 千克＋大粒钾肥 10～15 千克。

（2）头瓜坐果肥　一般在头瓜坐果后，应及时结合灌水进行追肥 1 次。每亩施南瓜专用冲施肥 10～15 千克，或每亩施腐殖酸长效缓释肥（22-16-7）12～15 千克、大粒钾肥 5～7 千克，或每亩施腐殖酸包裹尿素 10～12 千克、大粒钾肥 10～12 千克。

（3）头瓜采收肥　一般在头瓜采收后，应及时结合灌水进行追肥 1～2 次。每亩施南瓜专用冲施肥 10～15 千克，或每亩施腐殖酸长效缓释肥（22-16-7）8～12 千克、大粒钾肥 5～7 千克，或每亩施腐殖酸包裹尿素 8～10 千克、大粒钾肥 10～12 千克。

（4）根外追肥　伸蔓期，叶面喷施 500～600 倍含氨基酸水溶肥料或 500～600 倍含腐殖酸水溶肥料、1500 倍活力硼混合溶液 2

次。南瓜进入结瓜盛期，叶面喷施 500～600 倍含氨基酸水溶肥料或 500～600 倍含腐殖酸水溶肥料、1500 倍活力钾混合溶液 2～3 次，间隔 15 天。

四、金银茄

金银茄又名看茄、观赏茄、巴西茄，原产于亚洲东南部热带地区，现我国各地均有栽培。

1.生长习性

金银茄（图 3-14）为茄科茄属一年生草本植物，喜温，不耐寒，要求土层深厚、保水性强、pH 5.8～7.3 的肥沃土壤。

图 3-14　金银茄

2.观赏应用

金银茄植株较低矮，花白色或淡紫色；浆果幼时绿白色，长大后变为乳白色，成熟时转为金黄色；果皮平滑光亮，夏秋时节盆株挂满黄、白两色果实，似金如银，故得其名。金银茄多作家庭盆栽观果，夏花秋实，浓枝绿叶，耐人品味。

3.盆栽金银茄安全高效施肥

（1）盆栽营养土配制　可以用菜园土 6 份、腐熟有机肥 3 份、沙土2份混合配制。

（2）盆土管理　通常在春季盆播，待天气转暖后再移到室外养护。金银茄为喜光植物，应保证充足的光照条件，置于向阳庭院和阳台培育较适宜。

（3）肥水管理　金银茄喜肥，在移栽或换盆过程中应施足基肥，根据盆的大小，每盆垫蹄角片10～50克，或腐殖酸涂层长效肥（18-10-17）3～6克。

生长期每周浇1次稀薄肥水，每次可用无害化处理过的充分腐熟发酵的豆饼或花生饼按1∶30兑水浇施，或8％水溶肥料（20-20-20）浇施；也可以每15天埋施1次腐殖酸涂层长效肥（18-10-17）2～5克。

金银茄叶大果多，夏季旺盛期浇水要充足，但在花期、果期不宜浇水过多，以免引起落花落果。生长后期气温降低，浇水量也要适当控制。

（4）叶面喷肥　生长期叶面喷施500～600倍含氨基酸水溶肥料或500～600倍含腐殖酸水溶肥料。结果期，叶面喷施500～600倍含氨基酸水溶肥料或500～600倍含腐殖酸水溶肥料、1500倍活力钾混合溶液。

五、樱桃番茄

樱桃番茄又称小西红柿、珍珠小番茄、圣女果，原产于南美洲的安第斯山一带，现我国各地均有栽培。

1. 生长习性

樱桃番茄（图3-15）为茄科番茄属植物，喜光照、温暖环境，适于排水良好、土层深厚的壤土和砂壤土。

2. 观赏应用

樱桃番茄果形有球形、洋梨形、醋栗形，果色有红色、粉色、黄色及橙色，其中以红色栽培居多，由于它远远看上去像一颗颗樱桃，故此得名。樱桃番茄果实娇小浑圆，果色艳红，小巧玲珑，既可以作观赏果实，又可以食用，口味香甜鲜美，风味独特。樱桃番茄作为观赏果实常盆栽。

图 3-15　盆栽樱桃番茄

3. 盆栽樱桃番茄安全高效施肥

（1）盆栽营养土配制　营养土原料采用泥炭、蛭石、炉渣、玉米秸粉均可，任选其中 2～3 种按等比例混合配制。

（2）育苗管理　春播、秋种皆可，秋季 8 月份定植于盆内，至元旦、春节可硕果累累。采用营养钵育苗，选用直径为 5 厘米的钵即可。干籽直播或浸种后播入钵内，每钵 1～2 粒种子，播后上覆细潮土 0.8 厘米，并覆盖 1 层薄膜，待出苗后撤除薄膜。也可用畦播育苗，待苗长到 2 叶 1 心时分苗入钵。苗期叶面喷施 500～600 倍含氨基酸水溶肥料或 500～600 倍含腐殖酸水溶肥料 1 次。

（3）肥水管理　在移栽或换盆过程中应施足基肥，根据盆的大小，每盆垫蹄角片 10～20 克，或腐殖酸涂层长效肥（18-10-17）2～3 克。樱桃番茄入盆后浇 1 次透水，20 天以后每盆追施膨化鸡粪或麻酱渣 100～150 克，每隔 10 天追 1 次肥，3～5 天浇 1 次水，坐果前控制浇水量，果实膨大期保持盆土湿润。

（4）叶面喷肥　樱桃番茄移栽定植后，叶面喷施 500～600 倍含氨基酸水溶肥料或 500～600 倍含腐殖酸水溶肥料、1500 倍活力硼混合溶液 1 次。进入结果期，叶面喷施 1500 倍活力钾、1500 倍活力钙混合溶液 2～3 次，间隔期 15 天。

（5）整形管理　根据樱桃番茄生长势强，每侧的腋芽都能成枝、开花结果的特性，可实行双干、三干整枝，待株高达 80 厘米左右时摘去生长点，使植株矮、壮，果实成熟一致。为增加植株光合作用面积，促进结实率，主干长出的侧枝有 1～2 穗花序时，留 1～2 片叶摘心，使每盆樱桃番茄呈伞形或扇面形、半球形，让果穗均匀分布其上。或在寒冷冬季，室内温度、光照适宜时，盆栽樱桃番茄同样可结出累累硕果。

通过扭枝造型，增加基本枝的承载能力，可提高每盆樱桃番茄的结实率。扭枝作业应在晴天下午进行，切忌在阴雨或晴天的早晨进行，使其透光均匀，以利促进果实成熟。摘叶时尽量使果穗坐落在盆表面，基部的黄老叶和枝杈也要及时摘除，以利通风透光，减少养分消耗。打杈也是为了造型，促进植株生长和果实膨大，以利果实见光着色。

❧ 第四节 ❧

多肉类花卉安全高效施肥技术

一、仙人掌

仙人掌又称观音掌、仙巴掌、霸王树、火焰、火掌，原产于美洲、亚洲热带地区，现我国各地均有栽培。

1. 生长习性

仙人掌（图 3-16）为仙人掌科仙人掌属多年生灌丛肉质草本植物，喜强烈光照，耐炎热、干旱、瘠薄，生命力顽强，管理粗放，很适于在家庭阳台上栽培。

图 3-16　仙人掌

2.观赏应用

仙人掌因其巨大肉掌，搭肩而上，错落有致，花开绿掌，姿态美观可爱，具有很好的观赏价值。同时仙人掌具有净化空气作用，有益于人体健康。另外，仙人掌是野外工作者就地取用天然水体的净化剂，还可食用和药用。仙人掌一般多作盆栽供观赏。

3.盆栽仙人掌安全高效施肥

(1) 盆栽营养土配制　可用腐殖土 4 份、田园壤土 4 份、净沙2 份混合配制；也可用腐殖土 4 份、田园壤土 4 份、木屑或熟煤灰2 份混合配制；或黏土 3 份、河沙 5 份、腐殖土 2 份，也可用炉灰、煤球灰等混合配制，效果也很好。

(2) 盆土管理　盆土配制成后，要进行消毒处理。第一，曝晒消毒。在夏季，将配制好的盆土薄薄地摊在水泥地上，让太阳直接曝晒 3~4 天，可以达到灭菌杀虫的目的。第二，烘烤消毒。将配制好的盆土放在锅里，上火后用铁铲翻炒，直至土壤温度升高至烫手时为止，一般加温后 20~30 分钟即可。第三，药剂消毒。上盆前，用 0.3% 高锰酸钾或 40% 福尔马林药液均匀浇施盆土，然后用塑料薄膜密封盖平，闷 2 天后打开，再晾晒 1～2 天，药液挥发后即可上盆。

上盆前要选择口径大小和深浅适宜的花盆，新盆先要用水浸透，这称作"退火"。旧盆往往有水滞杂物、虫卵和碱性物质，要在水中浸泡几小时，刷洗干净再用。上盆时，先在盆底放些碎瓦片、碎石子、木炭块或铺上 1～3 厘米厚的河沙，再填上适量的盆土，然后将仙人掌种片或幼株放在盆中央，再向盆中填土，边填土边将幼株轻轻向上提，再微微压实，使根系或茎片与盆土紧密接触，盆土填至距盆沿 2～3 厘米左右时为止。上盆用土要求湿润，即一捏成团，一搓就散。上盆后宜放在避风半阴处养护，暂不浇水，如天气较干燥可随时喷水保苗，一般应在 3～5 天后再浇透水，以防根部腐烂萎缩。

（3）施肥管理　新上盆的仙人掌在一个月内不要施肥。施肥前应让盆土尽量干燥，将一些生长不良、根系可能有问题的拿掉另行放置，然后松土后施肥。

施肥一般在春、秋两季进行，盛夏高温期应停止，冬季如有加温设施，对一些冬季能继续生长或开花的种类可以施肥，但对大部分种类绝不可施肥。施肥的浓度要掌握"宁淡勿浓"，宁可多施几天也不要冒险一次施以浓肥。以油粕饼为例，浓度可以这样掌握：油粕饼粉碎后加水 8～10 倍，充分腐熟后，取清液再稀释 20～30 倍使用。除了油粕饼之外，常用的有机肥还有鸽粪、鸡粪、骨粉等，施用方法同油粕饼。对作砧木的植株也可施人粪尿，但必须经充分腐熟，可用 5％人粪尿稀粪水液。家庭栽培时，各种市售固体和液体花肥都可以按说明书使用。

（4）水分管理　仙人掌虽是肉质植物，比较耐旱，即使一个月不浇也不会完全死亡，但要使它健康成长必须浇水。

① 冬季　大约每隔 20 天左右浇一次水，浇水的时间以选在气温较高的中午为宜。如室内比较干燥，可采用叶面喷水，以保持茎片翠绿，待植株进入休眠期后，可不浇水。

② 春季　随着气温的升高，可适当增加浇水次数，一般不干

不浇，浇则浇透。当气温上升至20℃左右时，一般以7～10天浇一次为宜。

③ 夏季 气温高，蒸发量大，植株生长旺盛，是仙人掌需水量最大的季节，一般每隔3～5天就需浇水1次，当气温上升到30℃以上时，为了保持茎片膨压，增加观赏性，每天早、晚最好向仙人掌茎片喷水1～2次。

④ 秋季 逐渐减少浇水。

盆栽浇水还要注意水温和水质。水应呈中性或微酸性，用自来水浇最好是放两天再使用。另外，浇水时水温最好和室内温度接近，北方寒冷地区盆栽仙人掌更需注意。

二、芦荟

芦荟又名狼牙掌、龙角、草芦荟、油葱，原产于印度，现我国各地均有栽培。

1. 生长习性

芦荟（图3-17）为百合科芦荟属常绿草本植物。芦荟性喜温暖、湿润，喜充足阳光，不耐烈日暴晒，相当耐阴；对土壤要求不严，耐干旱和瘠薄，也较耐碱，在沙土中生长良好，忌涝渍；喜欢生长在排水性能良好、不易板结的疏松土质中。

2. 观赏应用

芦荟是集食用、药用、美容、观赏于一身的植物新星。芦荟叶色翠绿、花色艳丽，是花叶并赏的观赏植物，可点缀书桌、几架及窗台。芦荟可以清除室内的甲醛污染，多盆栽供观赏。

3. 盆栽芦荟安全高效施肥

（1）盆栽营养土配制 盆土应具有排水、保水、透气、蓄肥的良好性能。常用的盆土配方：河沙、腐殖土、园土的比例为1∶2∶2。适宜芦荟生长的盆栽基质pH值为6.8～7.0。此外，盆土要求清洁卫生，必要时可用必灭速等进行土壤消毒、灭菌处理。

（2）盆土管理 上盆时间以春、夏季节室温15～18℃时为宜，

图 3-17　芦荟

以促进生根，缩短返青时间。上盆前先在盆底透水孔上放一块小瓦片。上盆时将芦荟苗摆正置于盆中央，填土覆根后轻提镇压，使苗木的根系与盆土接触紧密。墩实盆土后再将盆土加至离盆沿 2～3 厘米处，最后慢慢将盆土浇透水。

新上盆的幼苗不宜在阳光下照射，以免失水和养分被过度消耗。最好将其放在半阴处养护，待缓苗后再让其接受阳光。切忌在生根返青前多浇水施肥，通常的做法是盆土不干不浇，干则浇透。待生根后可经常向植株的叶面喷水，以促进其返青。

芦荟一般生长 1～2 年换盆 1 次。换盆时间以 4～5 月和 9～10 月为宜。芦荟脱盆后要保持完整的土团，尽量不伤根系。具体操作如下：将盆株倒置，左手托住盆土，右手猛磕盆体。盆与盆土分离后，将芦荟带土团放入新盆，再在原土团周围放入新配制的盆土，然后将盆土压实、浇透水。刚换盆的芦荟仍要在半阴处养护。

（3）施肥管理　上盆前，将充分腐熟的有机肥（可用猪圈粪、牛圈粪、堆肥等）与盆土按 1∶10 的比例充分掺匀作基肥。

装盆后，一般采用无害化处理过的充分腐熟发酵的豆饼或花生饼按 1∶30 兑水浇施，一般每月追肥 1 次。液肥不宜过浓，否则易产生肥害。通常春季芦荟生长快，可适当增加追肥次数；冬季芦荟生长慢，可少施或不追肥。

（4）根外喷肥　春季可叶面喷施 500～600 倍含氨基酸水溶肥料或 500～600 倍含腐殖酸水溶肥料、1500 倍活力钾混合溶液 1～2 次。

（5）水分管理　芦荟虽然生性耐旱忌涝，但并不是越旱越好，应根据植株个体的不同生长发育阶段来灵活掌握浇水次数。若空气湿度大，要少浇；空气干燥，气温高，空气流通快，要及时浇水。要做到见干见湿，干透浇透，合理浇水。

一般而言，大盆植株在生长旺季浇水次数要多，量要大。春、秋季气温在 15～25℃时，可每 5～7 天在清晨和傍晚浇 1 次；夏季气温高，蒸发量大，要每 2～3 天在清晨和傍晚浇 1 次；冬季浇水在中午进行。

应尽量使用深井水或雨水，若是自来水应晒后使用。浇水后应注意松土，保持土壤水分含量，有利于新根生长。松土可采用细竹签或 8 号铁丝制成的单齿或双齿的小耙等工具。松土深度以 1.5～2.0 厘米为好。

三、景天

景天又名八宝、蝎子草、大红七、大和七，原产于我国华北以南地区，现全国各地均有栽培。

1. 生长习性

景天（图 3-18）为景天科景天属多年生草本植物，喜阳光、不耐荫蔽，喜疏松的砂质土，耐干旱而不耐水渍，也耐盐碱。

2. 观赏应用

景天的各式叶片形成不同的图案，姿态多变、色泽艳丽、造型奇异，植株低矮，枝叶密集，适应性广，耐瘠薄，耐旱，管理粗

图 3-18　景天

放，为优良的节水型地被植物，在园林上主要有地面绿化、屋顶绿化、护坡绿化和花境等应用方式。

3.地栽景天安全高效施肥

（1）定植施肥　移栽前清除杂草，耙碎土块，每平方米可施生物有机肥 0.1～0.2 千克，或无害化处理过的腐熟猪圈粪 0.3～0.5 千克，或无害化处理过的腐熟牛圈粪 0.3～0.5 千克，或无害化处理过的腐熟鸡粪 0.1～0.2 千克，或无害化处理过的腐熟饼肥 0.1～0.15 千克。栽植时间为 4 月中旬至 9 月初，株行距根据地力情况而定，以（20～25）厘米×（20～25）厘米为宜，栽植深度 5～6 厘米，将繁育的扦插苗定植后，踏实根部土壤，浇透水。扦插苗应在 9 月上旬完成移栽，移栽过晚会导致没有新生茎发生而影响越冬。

（2）肥水管理　缓苗期应加强水分管理，浇水遵循"见干见湿"的原则，保证植株成活。缓苗后，可依土壤墒情进行灌溉，及时松土和除草，促进生长。降雨过多时注意及时排水。

9 月老茎下部新生芽开始生长后，要根据土壤墒情适时灌水，根据长势每平方米施腐殖酸涂层长效肥（18-10-17）15～20 克（栽植当年地块可不追肥），以促进新生茎的生长。当年定植的植株，应及时清除枯叶，增加观赏效果。

二年生以上的植株茎秆直立，11 月中旬以新生茎高度为基准进行修剪，使植株仅剩下生长健壮的新生茎，以达到美观效果。11

月初至 11 月中旬，浇足越冬水。当年扦插、定植苗个体小，不能将裸露地面全覆盖，要根据墒情适时弥合土壤缝隙。

翌年 2 月下旬可对植株进行划锄，以保持土壤墒情，提高地表温度。三年生植株因地面全覆盖，不需进行划锄。在 3 月下旬每平方米追施增效尿素 20～30 克，并浇水 1 次，不可过早浇水，以免降低地温，对生长不利。

（3）叶面喷肥　生长旺盛期可叶面喷施 500～600 倍含氨基酸水溶肥料或 500～600 倍含腐殖酸水溶肥料、1500 倍活力钾混合溶液 1～2 次。

四、燕子掌

燕子掌别名玉树、景天树、豆瓣掌、厚叶景天、肉质万年青，原产于非洲，现在我国广泛栽培。

1. 生长习性

燕子掌（图 3-19）为景天科青锁龙属草本植物。燕子掌喜温暖、干燥，不耐寒，喜充足光照，不耐荫蔽，对土壤要求不严格，耐轻碱和干旱，怕水渍而耐瘠薄，在排水、透气良好的砂质土壤中生长良好。

2. 观赏应用

燕子掌树冠挺拔秀美，茎叶碧绿油亮，四季常青，盛开美丽的花朵，花白色或浅红色，十分清雅别致。可配盆架、石砾加工成小型盆景，也可单独盆栽，装饰茶几、案头、书桌、窗台等处，别有一番情趣。

3. 盆栽燕子掌安全高效施肥

（1）盆栽营养土配制　可选用腐叶土 4 份、园土 3 份、河沙 2 份混合作为培养土，为利于排水，盆底还要垫一些碎石或瓦片。

（2）盆土管理　燕子掌生长迅速，幼苗期应每年换盆换土 1 次，用普通培养土或面沙上盆，待株棵长到 50 厘米左右时加高生长缓慢，茎秆开始加粗生长，这时应换入"坯子盆"中，以后不必

图 3-19 燕子掌

年年翻盆换土，通过追肥来补充营养即可。除炎热的夏季需适当遮阴来防暑降温外，其他季节应充分见光，盆土应间干间湿，宁干勿湿，并应注意防雨，以防盆内积水而烂根。冬季室温不得低于10℃，盆土应保持相对干旱。如在温室越冬，中午前后一定要开窗通气来降低室内湿度，否则叶片上会发生褐斑病，入室前应把蜗牛和蛞蝓消灭干净，以防它们啃食叶片。随着新叶的抽生，茎秆下面的老叶会逐片脱落而布满盆面，应及时清理以防它们在盆内腐烂。

（3）施肥管理　燕子掌春、秋两季应适当施肥，每月一次。每次可用油粕饼粉碎后加水 8～10 倍，充分腐熟后，取清液再稀释 20～30 倍使用。也可用 5% 畜禽粪尿水液浇施。

◆ 参考文献 ◆

[1] 曹春英，孙曰波. 2014. 花卉栽培 [M]. 第3版. 北京：中国农业出版社.

[2] 董杰平. 2012. 大理山茶花在安宁市百花公园的栽培试验 [J]. 中国园艺文摘，5：49-51.

[3] 陈洪国. 2009. 氮磷钾肥处理对桂花生长、花量及光合作用的影响 [J]. 园艺学报，36（6）：843-848.

[4] 葛亚英，张奇春. 2003. 一串红苗期不同营养液配比试验 [J]. 浙江农业科学，6：312-314.

[5] 高继银，邵蓓蓓，许宏明. 1991. 山茶花人工盆栽基质及施肥配方的选择 [J]. 林业科学研究，4（3）：308-313.

[6] 黄国京，贾清华，李旻，等. 2012. 我国观赏芍药栽培基质及施肥技术研究进展 [J]. 黑龙江农业科学，1：148-150.

[7] 吕华军，刘秀梅，王辉，等. 2012. 施肥模式对连作菊花生长状况及产量的影响 [J]. 土壤，44（5）：747-753.

[8] 穆鼎，杨孝汉，张燕. 1997. 盆栽朱蕉和月季N、P、K施肥比例初探 [J]. 园艺学报，24（1）：71-74.

[9] 马济民，阳淑. 2013. 花卉生产技术 [M]. 北京：中国农业出版社.

[10] 马国瑞，石伟勇. 2005. 花卉营养失调症原色图谱 [M]. 北京：中国农业出版社.

[11] 胡惠蓉. 2009. 120种花卉的花期调控技术 [M]. 北京：化学工业出版社.

[12] 何小唐，易健春，李鹏飞，等. 2009. 盆栽花卉栽培百问百答 [M]. 北京：中国农业出版社.

[13] 劳秀荣. 2000. 花卉施肥手册 [M]. 北京：中国农业出版社.

[14] 劳秀荣，杨守祥，张昌爱. 2009. 花卉测土配方施肥技术百问百答 [M]. 北京：中国农业出版社.

[15] 王保根，郭磊，李百健，等. 2010. 日本梅园土肥水管理技术及优质果生产中的主要问题 [J]. 江苏林业科技，37（3）：49-52.

[16] 王帘里，杨毅强，郭立春，等. 2015. 浅议梅高效施肥技术体系 [J]. 农技服务，32（8）：43-44.

[17] 王华荣，马文婷. 2012. 氮磷钾配比施肥对切花月季生长及抗白粉病的影响 [J]. 宁夏农林科技，53（9）：49-51.

[18] 宋志伟，等. 2016. 果树测土配方与营养套餐施肥技术 [M]. 北京：中国农业出版社.

[19] 宋志伟，等. 2017. 农业节肥节药技术 [M]. 北京：中国农业出版社.

[20] 田晓明，蒋利媛，颜立红，等. 2015. 墨紫含笑嫁接容器苗施肥试验 [J]. 湖南林业

科技，42（4）：1-5.

[21] 杨美燕，杨秀珍. 2013.营养液浓度和施肥频率对无土栽培一串红生长及开花的影响 [J].江苏农业科学，41（8）：181-184.

[22] 杨先芬. 2001.花卉施肥技术手册 [M].北京：中国农业出版社.

[23] 鲁杨，李东明，周少华. 2010.观花类花卉施肥技术 [M].北京：金盾出版社.

[24] 杨秀珍. 2011.花卉营养学 [M].北京：中国林业出版社.

[25] 郑海水，杨斌，李其顺，等. 2008.不同施肥措施对3年生山桂花人工林林木生长的影响 [J].西部林业科学，37（4）：14-20.

[26] 张俊叶. 2014.花卉栽培技术 [M].北京：中国轻工业出版社.

[27] 张彦慧，韩小英，韩荣科. 2013.不同施肥配方对盆栽四季海棠生长的影响 [J].宁夏农林科技，54（10）：62-64.

[28] 中国化工学会肥料专业委员会，云南金星化工有限公司. 2013.中国主要农作物营养套餐施肥技术 [M].北京：中国农业科学技术出版社.